普通高等学校工程训练"十四五"规划教材
普通高等学校工程训练精品教材

# 工程训练——
# 工业机器人基础分册

主　编　吴超华

副主编　李萍萍　张朝刚

参　编　胡明宇　王　波　赵　鹏
　　　　管　瑶　万　军　刘贤举
　　　　肖生浩

主　审　吴华春

华中科技大学出版社
中国·武汉

# 内容简介

本书主要介绍了工业机器人的基础知识、应用编程和仿真案例。基础知识包括工业机器人概述、机械结构系统、驱动系统等；应用编程包括安全操作规范、坐标设定、示教器的使用、基本指令、程序语句和结构、轨迹规划和编程实例等；仿真案例以机器人写字和机器人打磨为例，通过离线编程和现场操作进行了介绍。本书通俗易懂，通过案例的讲解，读者可快速掌握工业机器人编程技术和实际操作。本书可作为高等教育机械制造工程实训教材，也可作为工业机器人领域工程技术人员的培训教材。

**图书在版编目(CIP)数据**

工程训练. 工业机器人基础分册/吴超华主编. —武汉：华中科技大学出版社，2024.3
ISBN 978-7-5772-0376-8

Ⅰ.①工…　Ⅱ.①吴…　Ⅲ.①机械制造工艺-高等学校-教材　②工业机器人-高等学校-教材
Ⅳ.①TH16

中国国家版本馆 CIP 数据核字(2024)第 061278 号

工程训练——工业机器人基础分册　　　　　　　　　　　　　　　吴超华　主编
Gongcheng Xunlian——Gongye Jiqiren Jichu Fence

策划编辑：余伯仲
责任编辑：胡周昊
封面设计：廖亚萍
责任监印：朱　玢
出版发行：华中科技大学出版社(中国·武汉)　　　电话：(027)81321913
　　　　　武汉市东湖新技术开发区华工科技园　　　邮编：430223
录　　排：武汉市洪山区佳年华文印部
印　　刷：武汉市洪林印务有限公司
开　　本：710mm×1000mm　1/16
印　　张：8
字　　数：150 千字
版　　次：2024 年 3 月第 1 版第 1 次印刷
定　　价：20.00 元

普通高等学校工程训练"十四五"规划教材
普通高等学校工程训练精品教材

# 编写委员会

主　任：王书亭（华中科技大学）

副主任：（按姓氏笔画排序）

于传浩（武汉工程大学）　　　　刘怀兰（华中科技大学）

江志刚（武汉科技大学）　　　　李　波（中国地质大学（武汉））

李玉梅（湖北工程学院）　　　　吴世林（中国地质大学（武汉））

吴华春（武汉理工大学）　　　　沈　阳（湖北大学）

张国忠（华中农业大学）　　　　罗龙君（华中科技大学）

孟小亮（武汉大学）　　　　　　贺　军（中南民族大学）

夏　新（湖北工业大学）　　　　漆为民（江汉大学）

委　员：（排名不分先后）

徐　刚　吴超华　李萍萍　陈　东　赵　鹏　张朝刚

鲍　雄　易奇昌　鲍开美　沈　阳　余竹玛　刘　翔

段现银　郑　翠　马　晋　黄　潇　唐　科　陈　文

彭　兆　程　鹏　应之歌　张　诚　黄　丰　李　兢

霍　肖　史晓亮　胡伟康　陈含德　邹方利　徐　凯

汪　峰

秘　书：余伯仲

# 前　　言

工业机器人是集机械、电子、控制、计算机、传感器、人工智能等多领域先进技术于一体的现代制造业必不可少的自动化设备。伴随着"中国制造 2025""互联网＋""人工智能 2.0"战略的实施和中国制造业的快速崛起，工业机器人在国内制造业中呈现出爆发式增长的态势，广泛应用于金属成形、汽车制造、电子电气、智能建筑、家用电器等多个领域。工业机器人已经成为支持各个产业发展的重要力量，是促进我国从制造大国向制造强国发展的战略性新兴产业之一。为了应对新一轮科技革命与产业变革，加快培养新兴领域工程科技人才，改造升级传统工科专业，主动布局未来战略必争领域人才培养，湖北省高等教育学会金工教学专业委员会规划了"工程训练精品教材及数字化教学资源建设"项目，本书作为其分册之一，由华中科技大学、武汉大学、武汉理工大学和江汉大学等省内高校理论水平高的专任教师和实践能力强的工程技术人员联合编写而成。

第 1 章主要介绍了工业机器人的起源、发展、分类和应用；第 2 章讲述了工业机器人的系统组成，包括机械结构系统和驱动系统；第 3 章阐明了工业机器人的基本操作，包括安全操作规范、坐标设定和示教器的使用；第 4 章讲述了工业机器人的编程基本指令、程序语句、程序结构和轨迹规划，同时提供了编程实例；第 5 章对KUKA 工业机器人离线仿真进行了介绍；第 6 章介绍了离线仿真实例和编程实践。本分册采用理论和实践相结合的编写思路，在介绍工业机器人基础知识的基础上，通过机器人写字和机器人打磨等实训项目提高学生解决实际工程问题的能力、工程应用能力和创新能力。

本书共分六章：第 1 章由武汉大学胡明宇编写；第 2 章由江汉大学赵鹏、张朝刚编写；第 3 章由华中科技大学李萍萍编写；第 4 章由武汉理工大学吴超华编写；第 5 章和第 6 章由武汉理工大学王波、管瑶、万军和刘贤举编写。在编写过程中，研究生叶昊哲、蔡舒、罗威、李响和吴刚等参加了部分内容的校对工作。本分册由吴超华主编，武汉理工大学吴华春教授主审。

　　本书可作为高等教育机械制造工程实训教材，也适用于工业机器人领域的工程技术人员阅读参考。

　　湖北省高等教育学会金工教学专业委员会和武汉理工大学工程训练中心对本书进行了认真的评审，提出了许多宝贵的意见和建议，编写过程中也参考了一些优秀的教材，在此一并表示诚挚的感谢！

　　由于编写水平及编写时间有限，书中难免存在疏漏和错误，恳请广大读者批评指正。

编　者

2023 年 12 月

# 目　　录

# 第1章 工业机器人概述

## 1.1 工业机器人定义和特点

"Robot"一词来源于捷克作家 Karel Capek 1920 年的剧本《罗素姆的万能机器人公司》。由于机器人这一名词中带有"人"字,再加上科幻小说或影视作品的宣传,人们往往把机器人想象成外貌像人的机械装置。但事实并非如此,特别是目前使用最多的工业机器人,与人的外貌毫无相像之处,通常只是仿效人体手臂的机械电子装置。

目前,要给机器人一个广泛认可的准确定义还有一定的困难,专家们也是采用不同的方法来定义这个术语。现在,机器人的定义还没有一个统一的意见,各国对机器人的定义差别也较大。有些定义很难将简单的机器人与"刚性自动化"装置区别开来。

国际上,对于机器人的定义主要有以下几种。

(1)美国机器人协会的定义。机器人是"一种用于移动各种材料、零件、工具或专用装置的,通过可编程序动作来执行种种任务并具有编程能力的多功能机械手"。这一定义叙述得较为具体,但技术含义并不全面,可概括为工业机器人的定义。

(2)美国国家标准局的定义。机器人是"一种能够进行编程并在自动控制下执行某些操作和移动作业任务的机械装置"。这也是一种比较广义的工业机器人的定义。

(3)日本工业机器人协会的定义。工业机器人是"一种装备有记忆装置和末端执行器的,能够转动并通过自动完成各种移动来代替人类劳动的通用机器"。同时,可进一步分为两种情况来定义:

① 工业机器人是"一种能够执行与人的上肢类似动作的多功能机器"。

② 智能机器人是"一种具有感觉和识别能力,并能控制自身行为的机器"。

(4) 国际机器人联合会将机器人定义如下:机器人是一种半自主或全自主工作的机器,能完成有益于人类的工作,应用于生产过程中的称为工业机器人;应用于特殊环境中的称为专用机器人(特种机器人);应用于家庭中的或直接服务人的称为(家政)服务机器人。这种定义广义地将机器人理解为自动化机器,而不应该理解为像人一样的机器。

(5) 国际标准化组织(International Organization for Standardization,ISO)对机器人的定义为"机器人是一种自动的、位置可控的、具有编程能力的多功能机械手,这种机械手具有几个轴,能够借助于可编程序操作来处理各种材料、零件、工具和专用装置,以执行种种任务"。按照ISO的定义,工业机器人是面向工业领域的多关节机械手或多自由度的机器人,是自动执行工作的机器装置,是靠自身动力和控制能力来实现各种功能的一种机器。它接收人类的指令后,将按照设定的程序执行运动路径和作业。

(6) 我国关于机器人的定义。机器人是具有两个或两个以上可编程的轴,以及一定程度的自主能力,可在其环境内运动以执行预期任务的执行机构。中国工程院蒋新松院士曾建议把机器人定义为"一种拟人功能的机械电子装置"。

## 1.2　工业机器人发展

1954年,美国人乔治·德沃尔设计了第一台可编程的工业机器并申请了专利。1959年,德沃尔与美国发明家约瑟夫·英格伯格合作制造出第一台工业机器人Unimate,并成立了世界上第一家工业机器人制造公司——Unimation。1962年,美国通用汽车(GM)公司安装了Unimation公司的第一台Unimate工业机器人,标志着第一代示教再现型工业机器人的诞生。20世纪60年代后期到70年代,工业机器人商品化程度逐步提高,并渐渐走向工业化。1978年,Unimation公司推出一种全电动驱动、关节式结构的通用工业机器人PUMA系列机器人,这标志着第一代工业机器人形成了完整且成熟的技术体系。第一代工业机器人属于示教再现型机器人。1984年,美国Adept Technology公司开发出第一台直接驱动的选择顺应性装配机器手臂(selective compliance assembly robot arm,SCARA)。

20 世纪 80 年代初,美国通用公司为汽车装配生产线上的工业机器人装配了视觉系统,于是具有基本感知功能的第二代工业机器人诞生了。第二代工业机器人不仅在作业效率、保证产品的一致性和互换性等方面性能更加优异,而且具有更强的外界环境感知能力和环境适应性,能完成更复杂的工作任务。20 世纪 90 年代,随着计算机技术和人工智能技术的初步发展,能模仿人进行逻辑推理的第三代智能工业机器人的研究工作也逐步开展起来。它应用人工智能、模糊控制、神经网络等先进控制方法,通过多传感器感知机器人本体状态和作业环境,并推理、决断,进行多变量实时智能控制。

20 世纪 60 年代末,日本从美国引进工业机器人技术,此后,研究和制造机器人的热潮席卷日本全国。到 80 年代中期,日本拥有完整的工业机器人产业链系统,且规模庞大,一跃成为"机器人王国",是全球范围内工业机器人生产规模和应用领域最大最广的国家。

目前,在国际上较有影响力而且在中国工业机器人市场上也处于领先地位的机器人公司,可分为两个梯队:第一梯队包括瑞典的 ABB、日本的 FANUC(发那科)、YASKAWA(安川)以及德国的 KUKA(库卡);第二梯队包括日本的 OTC(欧地希)、Panasonic(松下)、NACHI(不二越)及 Kawasaki(川崎)等。

我国工业机器人起步于 20 世纪 70 年代初,其发展过程大致可分为 4 个阶段:70 年代的萌芽、80 年代的样机研发、90 年代的示范应用和进入 21 世纪后的初步产业化阶段。目前,我国工业机器人生产已颇具规模,产业链逐步完善,涌现出了沈阳新松、广州数控、安徽埃夫特和南京埃斯顿等一批优秀的本土工业机器人公司。但是,与发达工业国家相比,我国工业机器人技术在理论研究、核心部件研制、工程应用水平等方面都存在着一定的差距。

据国际机器人联合会(IFR)统计数据显示,2018 年中国、日本、韩国、美国和德国五大工业机器人市场占到全球安装量的 74%,其中我国工业机器人安装量约为 15.4 万台,占世界总安装量的 36%,是世界上最大的工业机器人市场。

未来几年,我国工业机器人或将迎来井喷式发展,原因分析如下:①过去我们靠低廉而充沛的人力资源,将中国发展为世界最大的制造业国家,随着人口老龄化的加剧和劳动力的减少以及人工成本的增加,工业机器人代工已经成为制造业发展的必然趋势。②重振制造业已经成为工业大国竞相实施的国家战略。为推进我国由制造业大国向制造业强国转变,2015 年,我国正式发布《中国制造 2025》,这是我国制造业强国"三步走"战略中第一个 10 年行动纲领,明确将机器人产业作为九大重点任务的一项内容。工业机器人是实现"中国制造"向"中国智造"转变的重要支撑。③尽管近几年我国工业机器人销量迅速增长,但使用密度(每万名工人拥有工业机器人数)仍处于较低水平,市场需求潜力巨大。国际机器人联合会数据显示,2018 年新加坡的工业机器人密度为 831 台,全球最高,其次是韩国的为 774 台,德国的为 338 台,日本的为 327 台。我国的为 140 台,与发达工业国家相比有较大的差距。

# 1.3　工业机器人分类

工业机器人的分类方法很多,可以按其坐标形式、结构形式等进行分类。

## 1.3.1　按坐标形式分

(1) 圆柱坐标型机器人(cylindrical coordinate robot,CCR)。由一个回转和两个移动的自由度组合而成(图 1-1)。

(2) 球坐标型机器人(polar coordinate robot,PCR)。由回转、旋转、平移的自由度组合而成(图 1-2)。

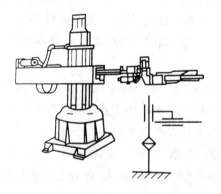

图 1-1　圆柱坐标型机器人

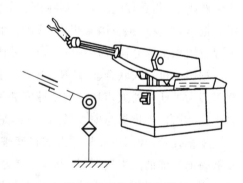

图 1-2　球坐标型机器人

这两种机器人由于具有中心回转自由度,所以均具有较大的动作范围。世界上最初实用化的工业机器人"Versatran"和"Unimate"分别采用圆柱坐标型和球坐标型。

（3）直角坐标型机器人（cartesian coordinate robot，CCR）。由独立沿 $x$、$y$、$z$ 轴的自由度构成，其结构简单，精度高（图 1-3）。

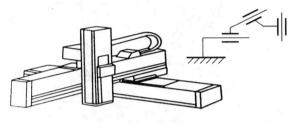

图 1-3　直角坐标型机器人

（4）关节型机器人（articulated robot，AR）。主要由回转和旋转自由度构成。从肘到手臂根部的部分称为上臂，从肘到手腕的部分称为前臂。这种结构，对于确定三维空间上的任意位姿是有效的，对于各种各样的作业任务具有良好的适应性（图 1-4）。

关节型机器人根据其自由度的构成方法，可进一步分为以下三类机器人。

① 仿人关节型机器人，在标准手臂上再加一个自由度（冗余自由度），如图 1-5 所示。

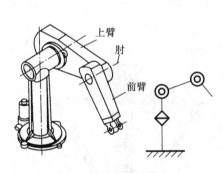

图 1-4　关节型机器人

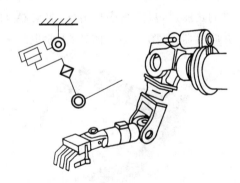

图 1-5　仿人关节型机器人

② 平行四边形连杆关节型机器人。手臂采用平行四边形连杆，并把前臂关节驱动用的电动机安装在手臂的根部，可获得更高的运动速度（图 1-6）。

③ SCARA 型机器人。手臂前端采用能够在二维空间自由移动的自由度，因此其在垂直方向具有刚性高，水平面内柔顺性好的特点。

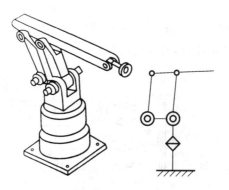

图 1-6　平行四边形连杆关节型机器人

## 1.3.2　按结构形式分

（1）串联机器人。采用转动副或移动副依次串联构成的机器人，如图 1-7 所示。

（2）并联机器人。并联机器人可以严格定义为：上下平台用 2 个或 2 个以上分支相连，机构具有 2 个或 2 个以上自由度，且以并联方式驱动的机构。但从机构学的角度讲，只要是多自由度，驱动器分配在不同环路上的并联多环机构均可称为并联机器人（图 1-8）。例如：工业生产中常用的 Delta 机器人。

图 1-7　串联机器人

图 1-8　并联机器人

## 1.4　工业机器人应用

工业机器人主要用于汽车、3C 产品、医疗、食品、通用机械制造以及金属加工、船舶制造等领域,用以完成搬运、焊接、涂装、装配、码垛和打磨等复杂作业。

### 1.4.1　搬运

搬运作业是用一种设备握持工件,将工件从一个加工位置移动到另一个加工位置的操作。搬运机器人可安装不同的末端执行器(如机械臂爪、真空吸盘等)以完成各种不同形状和状态的工件搬运,大大减轻了人类繁重的体力劳动。通过编程控制,配合各个工序不同设备实现流水线作业。

搬运机器人广泛应用于机床上下料、自动装配流水线、码垛搬运、集装箱的自动搬运等,如图 1-9 所示。

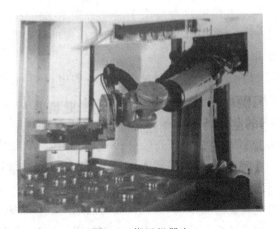

图 1-9　搬运机器人

### 1.4.2　焊接

目前工业应用最广泛的是焊接机器人,如应用于工程机械、汽车制造、电力建设等。焊接机器人能在恶劣的环境下连续工作并能提供稳定的焊接质量,提高工作效率,减轻工人的劳动强度,如图 1-10 所示。

图 1-10　焊接机器人

目前,焊接机器人基本上都是关节型机器人,绝大多数有 6 个轴。按焊接工艺的不同,焊接机器人主要分 3 类,即点焊机器人、弧焊机器人和激光焊机器人。

(1)点焊机器人　点焊机器人是用于自动点焊作业的工业机器人,其末端执行器为焊钳。在机器人焊接应用领域中,最早出现的便是点焊机器人,用于汽车装配生产线上的电阻点焊。

点焊是电阻焊的一种。电阻焊通过焊接设备的电极施加压力并在接通电源时,在工件接触点及邻近区域产生电阻热,在外力作用下利用电阻热完成工件的连接。因此,点焊主要用于薄板焊接领域,如汽车车身焊接、车门框架定位焊接等。点焊只需要点位控制,对于焊钳在点与点之间的运动轨迹没有严格要求,这使得点焊过程相对简单,对点焊机器人的精度和重复定位精度的控制要求比较低。

点焊机器人的负载能力要求高,而且在点与点之间的移动速度要快,动作要平稳,定位要准确,以便于减少移位时间,提高工作效率。另外,点焊机器人在点焊作业过程中,要保证焊钳能自由移动,可以灵活变动姿态,同时电缆不能与周边设备产生干涉。点焊机器人还具有报警系统,如果在示教过程中操作人员有错误操作或者在再现作业过程中出现某种故障,点焊机器人的控制器会发出警报,自动停机,并显示错误或故障的类型。

(2)弧焊机器人　弧焊机器人是用于自动弧焊作业的工业机器人,其末端执行器是弧焊作业用的各种焊枪。弧焊主要包括熔化极气体保护焊和非熔化极气体保护焊两种类型。

① 熔化极气体保护焊。熔化极气体保护焊是采用连续等速送进可熔化的焊丝与被焊工件之间的电弧作为热源来熔化焊丝和母材金属,形成熔池和焊缝,同时要利用外加保护气体作为电弧介质来保护熔滴、熔池金属及焊接区高温金属免受周围空气的有害作用,从而得到良好焊缝的焊接方法。如图1-11所示,利用焊丝3和母材9之间的电弧10来熔化焊丝和母材,形成熔池7,熔化的焊丝作为填充金属进入熔池与母材融合,冷凝后即为焊缝金属8。通过保护气体喷嘴5向焊接区喷出保护气体6,使处于高温的熔化焊丝、熔池及其附近的母材免受周围空气的有害作用。焊丝是连续的,由送丝滚轮2不断地送进焊接区。

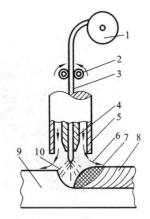

图 1-11　熔化极气体保护焊示意图

1—焊丝盘;2—送丝滚轮;3—焊丝;

4—导电嘴;5—保护气体喷嘴;

6—保护气体;7—熔池;8—焊缝金属;

9—母材;10—电弧

② 非熔化极气体保护焊(tungsten inert gas,TIG)。非熔化极气体保护焊主要是钨极惰性气体保护焊,采用纯钨或活化钨作为非熔化电极,利用外加惰性气体作为保护介质的一种电弧焊,广泛用于焊接容易氧化的铝、镁等及其合金、不锈钢、高温合金、钛及钛合金、难熔的活性金属(如钼、铌等)。

(3)激光焊机器人　激光焊机器人是用于激光焊自动作业的工业机器人,能够实现更加柔性的激光焊作业,其末端执行器是激光加工头。

传统的焊接由于热输入极大,会导致工件扭曲变形,从而需要大量后续加工手段来弥补此变形,致使费用加大。而采用全自动的激光焊技术可以极大地减小工件变形,提高焊接成品质量。激光焊属于熔化焊,是将高强度的激光束辐射至金属表面,激光被金属吸收后转化为热能,使金属熔化后冷却结晶形成焊缝金属。激光焊属于非接触式焊接,作业过程中不需要加压,但需要使用惰性气体以防熔池氧化。

由于激光焊具有能量密度高、变形小、焊接速度快、无后续加工等优点,近年来,激光焊机器人广泛应用在汽车、航天航空、国防工业、造船、海洋工程、核电设备等领域,其非常适用于大规模生产线和柔性制造,如图 1-12 所示。

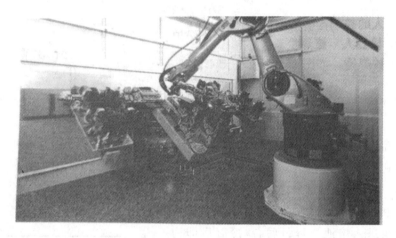

图 1-12　激光焊机器人焊接作业

### 1.4.3　涂装

涂装机器人适用于生产量大、产品型号多、表面形状不规则的工件外表面涂装,广泛应用于汽车及其零配件、仪表、家电、建材和机械等行业。

按照机器人手腕结构形式的不同,涂装机器人可分为球型手腕涂装机器人和非球型手腕涂装机器人。其中,非球型手腕涂装机器人根据相邻轴线的位置关系又可分为正交非球型手腕涂装机器人和斜交非球型手腕涂装机器人。

(1)球型手腕涂装机器人　球型手腕涂装机器人除了具备防爆功能外,其手腕结构与通用 6 轴关节型工业机器人相同,即 1 个摆动轴、2 个回转轴,3 个轴线相交于一点,且两相邻关节的轴线垂直,具有代表性的国外产品有 ABB 公司的涂装机器人 IRB52,国内产品有新松公司的涂装机器人 SR35A。

(2)正交非球型手腕涂装机器人　正交非球型手腕涂装机器人的 3 个回转轴相交于两点,且相邻轴线夹角为 90°,具有代表性的产品为 ABB 公司的涂装机器人 IRB5400、IRB5500。

(3)斜交非球型手腕涂装机器人　斜交非球型手腕涂装机器人的手腕相邻两轴线不垂直,而是具有一定角度,为 3 个回转轴,且 3 个回转轴相交于两点,具有代表性的为安川、川崎、发那科公司的涂装机器人。

### 1.4.4　装配

装配是一个比较复杂的作业过程,不仅要检测装配过程中的误差,而且要试图纠正这种误差。装配机器人是柔性自动化系统的核心设备,末端执行器种类多,可适应不同的装配对象。传感系统用于获取装配机器人与环境和装配对象之间相互作用的信息。

装配机器人主要应用于各种电器的制造及流水线产品的组装作业,具有高效、精确、持续工作的特点,如图 1-13 所示。

### 1.4.5　码垛

码垛机器人可以满足中低产量的生产需要,也可按照要求的编组方式和层数,完成对料袋、箱体等各种产品的码垛,如图 1-14 所示。

图 1-13　装配机器人　　　　　　　　图 1-14　码垛机器人

使用码垛机器人能提高企业的生产率和产量,同时减少人工搬运造成的错误;还可以全天候作业,节约大量人力资源成本。码垛机器人广泛应用于化工、饮料、食品、啤酒、塑料等生产企业。

### 1.4.6　打磨

打磨机器人是可进行自动打磨的工业机器人,主要用于工件的表面打磨、棱角去毛刺、焊缝打磨、内腔内孔去毛刺、孔口螺纹口加工等工作。

打磨机器人广泛应用于 3C、卫浴五金、IT、汽车零部件、工业零件、医疗器械、家具制造、民用产品等领域。

在目前的实际应用中,打磨机器人大多数是 6 轴机器人。根据末端执行器性质的不同,打磨机器人可分为两大类,即机器人持工件和机器人持工具,如图 1-15 所示。

（a）机器人持工件  （b）机器人持工具

图 1-15  机器人持工件和机器人持工具

（1）机器人持工件  机器人持工件通常用于需要处理的工件相对比较小,机器人通过其末端执行器抓取待打磨工件并操作工件在打磨设备上进行打磨。一般在该机器人的周围有一台或数台设备。这种方式应用较多,其特点如下。

① 可以打磨很复杂的几何形状。

② 可将打磨后的工件直接放到发货架上,容易实现现场流水线化。

③ 在一个工位完成机器人的装件、打磨和卸件,投资相对较小。

④ 打磨设备可以很大,采用大功率的打磨设备可以延长维护周期,加快打磨速度。

⑤ 可以采用便宜的打磨设备。

（2）机器人持工具  机器人持工具一般用于大型工件或对于机器人来说比较重的工件。机器人末端持有打磨工具并对工件进行打磨。工件的装卸可由人工进行,机器人自动地从工具架上更换所需的打磨工具。通常在此系统中采用力控制装置来保证打磨工具与工件之间的压力一致,补偿打磨头的消耗,获得均匀一致的打磨质量,同时也能简化示教。这种方式有如下特点。

① 工具结构紧凑、重量轻。

② 打磨头的尺寸小、消耗快、更换频繁。

③ 可以从工具架中选择和更换所需的工具。

④ 可以用于打磨工件的内部表面。

# 第2章　工业机器人系统组成

## 2.1　工业机器人机械结构系统

### 2.1.1　末端执行器

机器人的末端执行器（亦称为机器人的手部或抓取机构）是用来握持工件或工具的部件。机器人必须要有末端执行器，这样它才能根据计算机发出的指令执行相应的动作。末端执行器不仅是一个执行命令的机构，它还具有识别功能，也就是我们通常所说的触觉，故其类似于人的手。由于被握工件的形状、尺寸、重量、材质及表面状态等不同，因此末端执行器的结构是多种多样的，大部分的末端执行器都是根据特定的工件要求而专门设计的。工业机器人通过安装不同的末端执行器可以实现对圆盘类、长轴类、不规则形状类、金属板类等各种工件的搬运、自动上料/下料、工件翻转、工件转序等工作步骤。各种末端执行器的工作原理不同，故其结构形态各异。目前常用的工业机器人末端执行器有夹持式取料手、吸附式取料手和专用工具（如焊枪、喷嘴、电磨头等）等，如图2-1所示。

### 2.1.2　夹持式末端执行器

夹持式末端执行器应用较为广泛，其主要由手指、驱动装置、传动机构和支架等组成，通过手指的开闭动作实现对物体的夹持，其结构如图2-2所示。夹持式末端执行器根据手指开合的动作特点，又可分为回转型和平移型两种，同时根据夹持

（a）夹持式

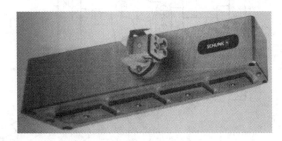
（b）吸附式

（c）专用工具（柔性焊枪）

图 2-1　末端执行器的类型

方式又可分为钩拖式和弹簧式两种。

1. 回转型末端执行器

在夹持式末端执行器中，回转型传动机构应用较多，其手指为一对杠杆，并与斜楔、滑槽、连杆、齿轮、蜗轮蜗杆或螺杆等机构组成复合式杠杆传动机构，用以改变传动比和运动方向，分为以下两种类型。

1）单作用斜楔式

单作用斜楔式回转型末端执行器如图 2-3 所示。斜楔向下运动，克服弹簧拉力，使杠杆手指装着滚子的一端向外撑开，从而夹紧工件；斜楔向上运动，在弹簧拉力作用下使杠杆手指松开工件。一般手指与斜楔通过滚子接触，可以减小摩擦力，

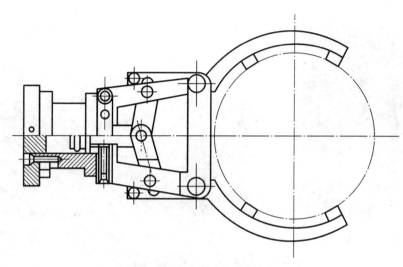

图 2-2 夹持式末端执行器的结构

提高机械效率。

2）双支点连杆式

双支点连杆式回转型末端执行器如图 2-4 所示。当驱动杆做直线往复运动时，带动连杆推动两手指各绕支点做回转运动，控制手指的松开或闭合。

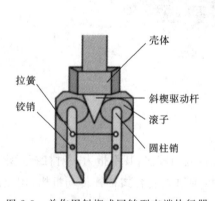

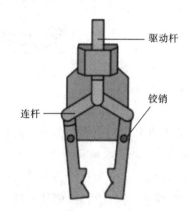

图 2-3　单作用斜楔式回转型末端执行器　　　　图 2-4　双支点连杆式回转型末端执行器

2. 平移型末端执行器

平移型末端执行器通过手指的指面做直线往复运动或平面移动来实现松开或闭合动作，常用于夹持具有平行平面的工件，如冰箱、洗衣机等。平移型末端执行器结构较回转型末端执行器复杂，其移动机构分为以下两种类型。

1) 直线往复移动机构

实现直线往复的移动机构很多,如斜楔平移机构、杠杆平移机构、螺旋平移机构等,如图 2-5 所示。直线往复移动机构既可以是双指型的,也可以是三指型的,还可以是多指型的;可以是自动定心的,也可以是非自动定心的。

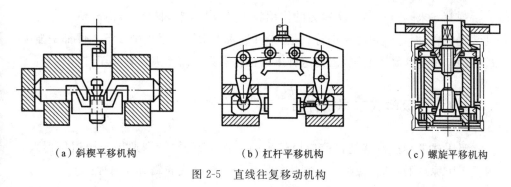

（a）斜楔平移机构　　　　　（b）杠杆平移机构　　　　　（c）螺旋平移机构

图 2-5　直线往复移动机构

2) 平面平行移动机构

图 2-6 所示的为三种指面平移型夹钳式末端执行器的简图。图 2-6(a)所示的是采用齿轮齿条传动的末端执行器;图 2-6(b)所示的是采用蜗轮蜗杆传动的末端执行器;图 2-6(c)所示的是采用连杆斜滑槽传动的末端执行器。它们的共同点是都采用平行四边形的铰链机构——双曲柄铰链四连杆机构,以实现手指平移。其差别在于,图 2-6(a)、(b)、(c)分别采用齿轮齿条、蜗轮蜗杆、连杆斜滑槽的传动装置。

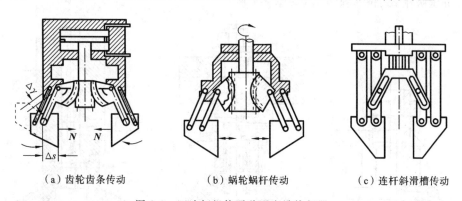

（a）齿轮齿条传动　　　　　（b）蜗轮蜗杆传动　　　　　（c）连杆斜滑槽传动

图 2-6　四连杆机构平移型末端执行器

3. 钩拖式末端执行器

钩拖式末端执行器的主要特征是不靠夹紧力来夹持工件,而是利用手指对工件的钩、拖、捧等动作来搬运工件。应用钩拖方式可降低驱动力的要求,简化末端执行器结构,甚至可以省略末端执行器驱动装置。它适用于在水平面内和垂直面内做低速移动的搬运工作,尤其对大型笨重的工件或结构粗大而质量较小且易变形的工件的搬运有利。

4. 弹簧式末端执行器

弹簧式末端执行器靠弹簧力的作用将工件夹紧,末端执行器不需要专用的驱动装置,结构简单。它的使用特点是:工件进入手指和从手指中取下工件都是强制进行的。由于弹簧力有限,因此这种末端执行器只适用于夹持轻小工件。

### 2.1.3 吸附式末端执行器

吸附式末端执行器是目前应用较多的一种执行器,特别适用于搬运机器人。根据吸附原理的不同,吸附式末端执行器可分为气吸式和磁吸式两种。

1. 气吸式末端执行器

气吸式末端执行器主要由吸盘、吸盘架及进/排气系统组成,其结构简单、质量轻、使用方便可靠,广泛应用于非金属材料(如玻璃、板材等)或无剩磁材料的吸附。气吸式末端执行器对工件表面没有损伤,且对被吸附工件预定的位置精度要求不高,但要求工件上与吸盘接触的部位光滑、平整、洁净,被吸工件材质致密,没有透气空隙。按形成压力差的方法,气吸式取料手可分为真空气吸式、气流负压吸附式、挤压排气式,如图 2-7 所示。

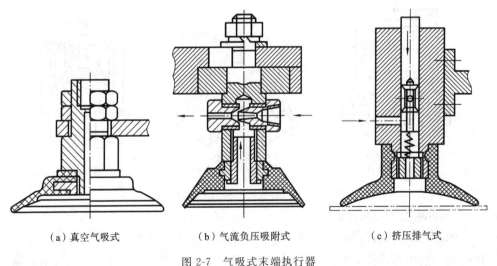

(a) 真空气吸式　　　　(b) 气流负压吸附式　　　　(c) 挤压排气式

图 2-7　气吸式末端执行器

2. 磁吸式末端执行器

磁吸式末端执行器主要由电磁式吸盘、防尘盖、线圈、壳体等组成。由于磁吸式末端执行器是利用电磁铁通电后产生的电磁吸力取料,因此只能对铁磁物体起作用。另外,对某些不允许有剩磁的零件要禁止使用。所以,磁吸式末端执行器的使用有一定的局限性。

图 2-8 为几种电磁式吸盘吸料示意图。

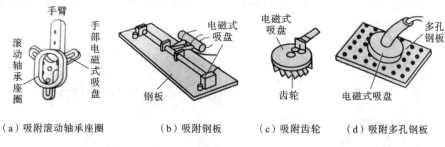

（a）吸附滚动轴承座圈　　　（b）吸附钢板　　　（c）吸附齿轮　　　（d）吸附多孔钢板

图 2-8　几种电磁式吸盘吸料示意图

磁吸式末端执行器吸附工件的原理如图 2-9(a)所示,当线圈通电后,在铁芯内外产生磁场,磁力线经过铁芯,空气隙和衔铁被磁化并形成回路。衔铁受到电磁吸力的作用被牢牢吸住。实际使用时,一般采用如图 2-9(b)所示的盘式电磁铁,其衔铁是固定的,衔铁内用隔磁材料将磁力线切断。当衔铁接触铁磁物零件时,零件即被磁化而形成磁力线回路,并受到电磁吸力而被吸住。

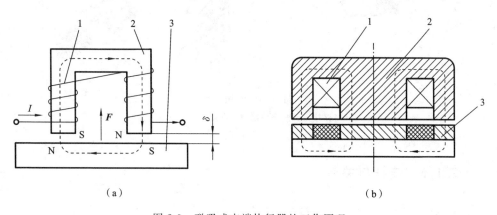

（a）　　　　　　　　　　　　　（b）

图 2-9　磁吸式末端执行器的工作原理

1—线圈；2—铁芯；3—衔铁

### 2.1.4 专用工具

工业机器人是一种通用性很强的自动化设备,可根据作业要求装配各种专用的末端执行器来执行各种动作。例如:在通用工业机器人上安装焊枪,其便成为一台焊接机器人;在通用工业机器人上安装拧螺母机,其便成为一台装配机器人。这些专用工具可通过电磁吸盘式换接器快速地进行更换,以满足用户的不同加工需求,如图 2-10 所示。

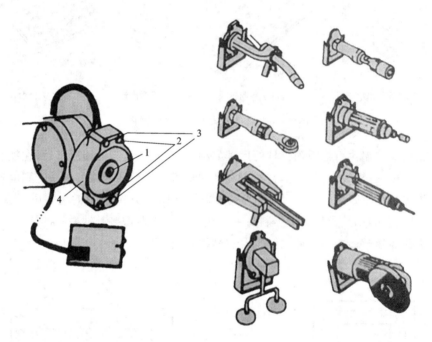

图 2-10　专用工具
1—气路接口;2—定位销;3—电接头;4—电磁吸盘

### 2.1.5 连杆与关节

1. 腕部

人类的手腕连接着手掌和手臂,工业机器人亦是如此。工业机器人的腕部是连接末端执行器和臂部的部件,作业时通过腕部来调整或改变工件的位姿,其具有独立的自由度,使机器人末端执行器适应复杂的动作要求。

腕部一般需要三个自由度,由三个回转关节组合而成,组合的方式多种多样,常用的如图 2-11 所示。为说明腕部回转关节的组合形式,各回转方向的定义分别如下。

臂转:绕小臂轴线方向的旋转。

腕摆:末端执行器相对于臂部进行的摆动。

手转:末端执行器(手部)绕自身轴线方向的旋转。

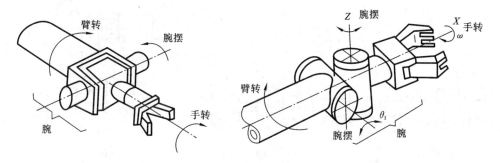

图 2-11　腕部回转运动的形式

按转动特点的不同,腕部关节的转动又可细分为滚转和弯转两种。图 2-12(a)所示为滚转,其特点是相对转动的两个零件的回转轴线重合,因此能实现 360°无障碍旋转的关节运动,滚转通常用 R 来标记。图 2-12 (b) 所示为弯转,其特点是两个零件的转动轴线相互垂直,这种运动会受到结构的限制,相对转动角度一般小于 360°,弯转通常用 B 来标记。

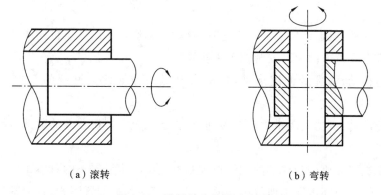

（a）滚转　　　　　　　　　（b）弯转

图 2-12　腕部关节的转动方式

图 2-13 所示为三自由度腕部的几种结合方式。

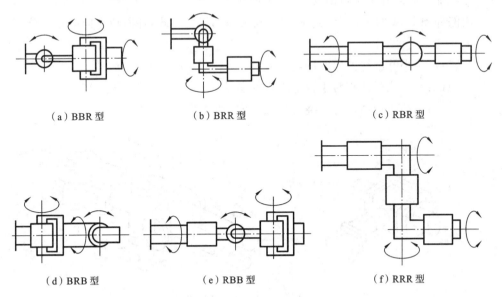

（a）BBR 型　　　　　（b）BRR 型　　　　　（c）RBR 型

（d）BRB 型　　　　　（e）RBB 型　　　　　（f）RRR 型

图 2-13　三自由度腕部的结合方式

## 2．臂部

工业机器人的臂部主要由臂杆、传动装置、导向定位装置、支承连接和位置检测元件等组成。从外形上讲，工业机器人的臂部是由旋转关节、大臂和小臂所组成。工业机器人要完成空间运动，其臂部至少需要三个自由度，即垂直移动、径向移动和回转运动。

垂直移动：机器人臂部的上下运动，这种运动通常采用液压机构或通过调整机器人机身在垂直方向上的安装位置来实现。

径向移动：臂部的伸缩运动，机器人臂部的伸缩使其臂部的工作范围发生变化。

回转运动：机器人绕铅垂轴的转动，这种运动决定了机器人的臂部所能达到的角度位置。

工业机器人机座和臂部的配置形式基本上反映了机器人的总体布局。由于工业机器人的作业环境和场地等因素的不同，会存在各种配置形式，目前常见的有横梁式、立柱式、机座式和屈伸式四种。

1）横梁式配置

横梁式工业机器人的机座被设计成横梁，用于悬挂臂部机构，一般分为单臂悬挂式和双臂悬挂式两种，如图 2-14 所示。此类机器人的运动形式大多为移动式，其具有占地面积小、空间利用率高、动作简单直观等优点。横梁式工业机器人的横梁可以是固定的，也可以是行走的，一般安装在厂房原有建筑的柱梁或有关设备上，也可从地面上架设。

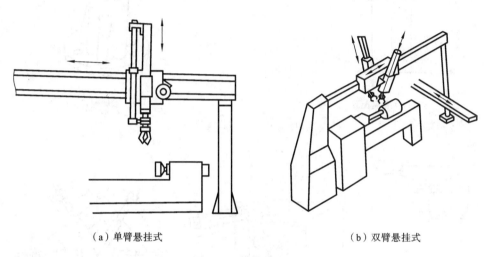

（a）单臂悬挂式　　　　　　　　　　　　（b）双臂悬挂式

图 2-14　横梁式配置

2）立柱式配置

立柱式工业机器人较为常见，可分为单臂式和双臂式两种，如图 2-15 所示。此类机器人的臂部可以在水平面内回转，具有占地面积小、工作范围大等特点。立柱式工业机器人的立柱可固定安装在空地上，也可以固定在床身上，结构较为简单，主要承担上、下料或转运等工作。

3）机座式配置

机座式工业机器人一般为独立的、自成系统的完整装置，可以随意安放和搬动，也可以沿地面上的专用轨道移动，扩大其活动范围，如图 2-16 所示。

4）屈伸式配置

屈伸式工业机器人的臂部由大臂、小臂组成，大臂、小臂间有相对运动，称为屈伸臂。屈伸臂与机座一起，结合机器人的运动轨迹，既可以实现平面运动，又可以实现空间运动，如图 2-17 所示。

工业机器人臂部的具体设计要求有以下几点。

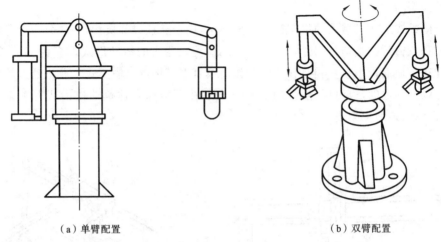

（a）单臂配置

（b）双臂配置

图 2-15　立柱式配置

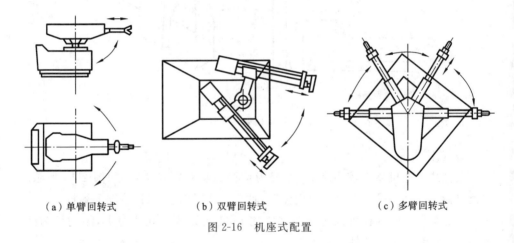

（a）单臂回转式　　　　　　　（b）双臂回转式　　　　　　　（c）多臂回转式

图 2-16　机座式配置

（1）臂部的结构应该满足工业机器人作业空间的要求。

（2）合理选择臂部截面形状，选用高强度轻质制造材料。工字形截面的弯曲刚度一般比圆截面的大，空心管的弯曲刚度和扭转刚度都比实心轴的大得多，所以常用钢管制作臂杆及导向杆，用工字钢和槽钢制作支承板。

（3）尽量减小臂部重量和整个臂部相对于转动关节的转动惯量，以减小运动时的动载荷与冲击。

（4）合理设计臂部与腕部、机身的连接部位。臂部安装形式和位置不仅关系到机器人的强度、刚度和承载能力，而且还直接影响机器人的外观。

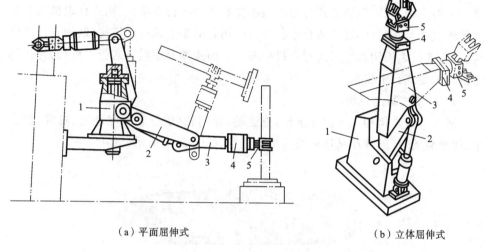

（a）平面屈伸式　　　　　　　　　（b）立体屈伸式

图 2-17　屈伸式配置

1—立柱；2—大臂；3—小臂；4—腕部；5—末端执行器

## 2.1.6　机座与行走机构

工业机器人的机座相当于人体的躯干部分，起着支承的作用。机座有固定式和移动式两种，固定式机座用铆钉直接固定于地面或工作台上；移动式机座则安装在行走机构上。本节主要介绍移动式机座与行走机构的相关知识。

移动式机座安装在行走机构上，通常由驱动装置、传动机构、位置检测元件、传感器电缆及管路等组成。移动式机座一方面支承工业机器人的臂部、腕部和末端执行器，另一方面还根据作业任务的要求，带动机器人在更广的空间内运动。

工业机器人的行走机构按其运动轨迹的不同，可分为固定轨迹式行走机构和无固定轨迹式行走机构。

### 1.固定轨迹式行走机构

固定轨迹式工业机器人的机座安装在一个可移动的拖板座上，整个机器人可以靠丝杠螺母驱动沿丝杠纵向移动。除此之外，此类机器人也采用类似起重机梁的移动方式行走。固定轨迹式工业机器人主要用在工作区域大的作业场合，如大型设备装配、立体化仓库中的材料搬运、材料堆垛和储运、大面积喷涂等。

2. 无固定轨迹式行走机构

一般来讲,无固定轨迹式行走机构主要有履带式行走机构、轮式行走机构和足式行走机构等。此外,还有适合于各种特殊场合的步进式行走机构、蠕动式行走机构、混合式行走机构和蛇行式行走机构等。下面主要介绍履带式行走机构、轮式行走机构和足式行走机构。

1) 履带式行走机构

履带式行走机构主要由支重轮、拖链轮、导向轮(引导轮)、驱动轮、履带、行走架、张紧装置、行走液压马达和减速机等组成,如图 2-18 所示。

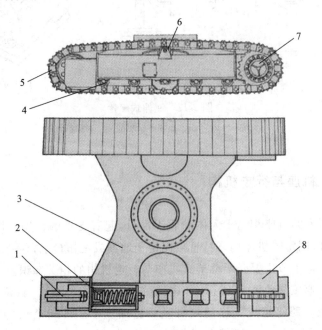

图 2-18　履带式行走机构

1—导向轮;2—张紧装置;3—行走架;4—支重轮;5—履带;
6—拖链轮;7—驱动轮;8—行走液压马达和减速机

履带式行走机构具有以下几个优点。

(1) 支承面积大,接地比压小,下陷度小,滚动阻力小,适合在松软或泥泞场地作业。

(2) 越野机动性好,可以在凹凸不平的地面上行走,可以跨越障碍物,能爬梯度不大的台阶,爬坡、越沟等性能优越。

（3）履带支承面上有履齿，因此不易打滑，牵引附着性能好，有利于发挥较大的牵引力。

履带式行走机构具有以下缺点。

由于没有自定位轮和转向机构，履带式行走机构只能靠左右两个履带的速度差实现转弯，所以转向和前进方向都会产生滑动，且转弯阻力大，不能准确地确定回转半径。履带式行走机构结构复杂、重量大、运动惯性大、减振功能差，致使零件容易损坏。

2）轮式行走机构

轮式行走机构在工业机器人中应用十分普遍，其主要应用在平坦的地面上，如图 2-19 所示。车轮的结构、材料取决于地面的性质和车辆的承载能力。运行在轨道上的一般采用实心钢轮，运行在室外路面上的一般采用充气轮胎，运行在室内平坦地面上的则采用实心轮胎。

图 2-19　轮式行走机构在工业机器人中的应用

（1）三轮行走机构。

三轮行走机构稳定性较好，代表性的车轮配置方式是一个前轮、两个后轮，如图 2-20 所示。其中，图 2-20（a）所示为两个后轮独立驱动，前轮仅起支承作用，通过后轮速度差实现转向；图 2-20（b）所示为前轮驱动，并通过前轮转向；图 2-20（c）所示为两后轮驱动并配有差速器，通过前轮转向。

（2）四轮行走机构。

四轮行走机构在工业机器人中的应用最为广泛，可采用不同的方式实现驱动和转向，如图 2-21 所示。其中，图 2-21（a）所示为后轮分散驱动；图 2-21（b）所示为四轮同步转向机构，这种机构可实现更灵活的转向和较大的回转半径。

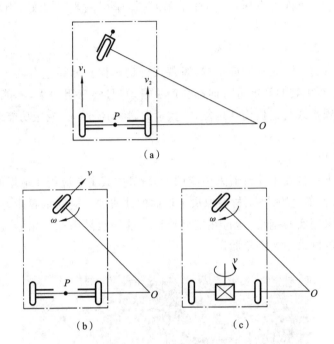

（a）

（b）　　　　　　　　　　（c）

图 2-20　三轮行走机构

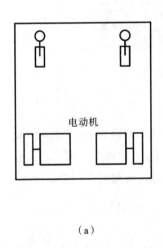

（a）

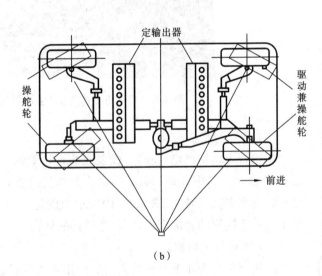

（b）

图 2-21　四轮行走机构

四轮行走机构的运动稳定性与三轮行走机构相比有很大提高。但是,要保证四组轮子同时和地面接触便必须使用特殊的轮系悬架系统,它需要四个驱动电动机,控制系统比较复杂,造价较高。

3) 足式行走机构

履带式行走机构可以行走在凹凸不平的地面上,但其适应性较差,行走时晃动太大,在软地面上行驶速度较慢。轮式行走机构只有在平坦坚硬的地面上行驶才可获得理想的运动特性,如果地面凹凸不平或地面很软,则其运动阻力将大大增加。显然,生活中的大部分地面不适合传统的履带式或轮式行走机构。因此,参照人类和动物四肢的运动原理而设计的足式行走机构应运而生。

如图 2-22 所示,现有的足式行走机构的足数有单足、双足、三足、四足、六足、八足,甚至更多。

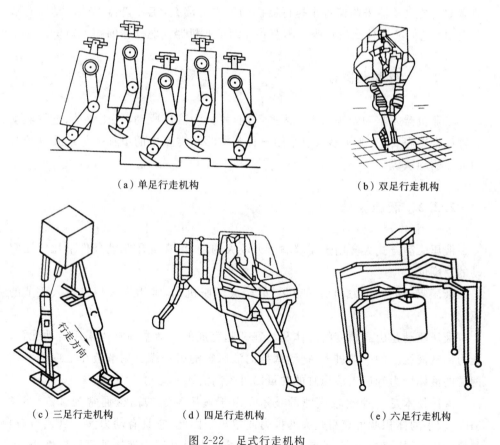

（a）单足行走机构　　　　　　　　　（b）双足行走机构

（c）三足行走机构　　　（d）四足行走机构　　　（e）六足行走机构

图 2-22　足式行走机构

双足行走机器人能够跨越沟壑、上下台阶,具有广泛的适应性,但在保证静、动行走性能,稳定性和高速运动等方面具有困难。六足行走机器人稳定性极佳,可以实现 $xOy$ 平面内任意方向的行走和原地转动,且适合于重载,但其灵活性不如双足行走机器人。因此,工业机器人具体应用几足行走机构,还是需要通过工作环境及任务要求来综合决定。

## 2.2  工业机器人驱动系统

通过前面的学习我们了解到,工业机器人的自由度多,运动速度较快,因此需要有专门的驱动器来驱使各个执行器协同工作。那么,工业机器人的驱动器有哪些类型?它们又有什么特点呢?本节将介绍工业机器人驱动器的相关知识。

### 2.2.1  驱动器概述

工业机器人驱动器按照动力源的不同,可分为液压驱动、气压驱动、电气驱动三种。根据需要,工业机器人可采用三种基本驱动类型中的单独一种或几种组合而成的驱动系统。

### 2.2.2  液压驱动

液压驱动方式大多用于要求输出力较大的场合,在低压驱动条件下比气压驱动的速度低。

液压驱动的输出力和功率很大,能构成伺服机构,常用于大型机器人关节的驱动。

液压驱动是由高精度的缸体和活塞一起完成的。活塞和缸体采用滑动配合,压力油从液压缸的一端进入,把活塞推向液压缸的另一端。调节液压缸内部活塞两端的液体压力和进入液压缸的油量即可控制活塞的运动。

液压技术是一种比较成熟的技术。由于液压系统的油压通常为 2.5～6.3 MPa,较小的体积就可获得较大的推力或扭矩。因此,它具有动力大、力(或力矩)与惯量比大、快速响应高、易实现直接驱动等特点。又因为液压油可压缩性小,故采用液压传动可获得较高的位置精度,工作平稳可靠。液压驱动系统采用油液作介质,具有防锈和自润滑性,可提高机械效率和寿命;液压传动中,力、速度和方向较易实现自动控制。

但液压驱动系统也有不足之处,由于油液黏度随温度变化,影响工作性能,高温工作时易燃易爆,因此不适合高温场合;而且液体泄漏难以克服,要求液压元件有较高的精度和质量,所以其造价较高;另外,液压传动要有相应的供油系统,需要高质量的滤油装置,否则易引起故障。

液压驱动系统适合在承载能力大、惯量大,以及运动速度较低的这类机器人中应用。但液压驱动系统需进行能量转换(电能转换成液压能),速度控制多数情况下采用节流调速,效率比电气驱动系统低。液压驱动系统的液体泄露也会对环境产生污染,工作噪声也较高。因这些缺点,近年来,在负荷为 100 kg 的机器人中液压驱动系统往往被电气系统所取代。

通常用运算放大器做成的伺服放大器向液压伺服系统中的电液伺服阀提供一个电信号。由电信号控制先导阀再控制一级或两级液压放大器,产生足够的动力去驱动机器人的机械部件。图 2-23 所示为伺服阀控制液压缸简化原理图示例。

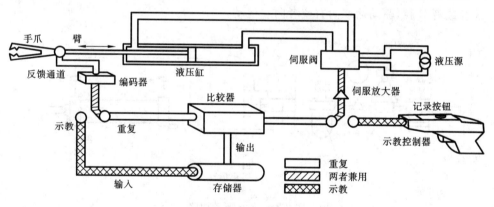

图 2-23　伺服阀控制液压缸简化原理图示例

## 2.2.3　气压驱动

气压驱动机器人是指以压缩空气为动力源驱动的机器人。气压驱动在工业机械手中用得较多,使用的压力通常为 0.4～0.6 MPa,最高可达 1 MPa。

气动执行元件既有直线汽缸,也有旋转气动马达,工作介质是高压空气。在原理上与液压驱动系统较为相似,但某些细节差别很大。因为气压驱动系统的传动介质为压缩空气,其黏性小,流速大,气源获取方便,对环境无污染,使用安全,可直接应用于高温作业;气动元件工作压力低,故制造要求比液压元件低。因此气压驱动系统具有快速性好、结构简单、维修方便、价格低等特点。气压驱动系统由于气体压缩性大、精度低、阻尼效果差、低速不易控制,难以实现伺服控制,能效比较低。但气压驱动系统结构简单、成本低,适用于轻负载快速驱动和精度要求较低的有限点位控制的工业机器人,多用于程序控制的机器人中,如在上、下料和冲压机器人中应用较多,而且在机器人手爪的开合控制、自动生产线、自动夹具中得到了广泛应用。

图 2-24 所示为一典型的气压驱动回路,图中没有画出空气压缩机和储气罐。压缩空气由空气压缩机产生,其压力为 0.5~0.7 MPa,并被送入储气罐;然后由储气罐用管道接入驱动回路;在过滤器内除去灰尘和水分后,流向压力调整阀调压,使空气压缩机的压力至 4~5 MPa。在油雾器中,压缩空气被混入油雾。这些油雾用于润滑系统的滑阀及汽缸,同时也起一定的防锈作用。从油雾器出来的压缩空气接着进入换向阀,电磁换向阀根据电信号,改变阀芯的位置使压缩空气进入汽缸 A 腔或者 B 腔,驱动活塞向右或者向左运动。

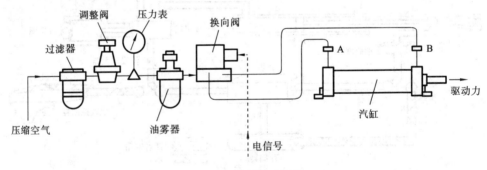

图 2-24 气压驱动回路

## 2.2.4 电气驱动

电气驱动利用各种电动机产生的力或力矩,直接或经过减速机构去驱动机器人的关节,以获得要求的位置、速度和加速度。电气驱动具有无环境污染、易控制、运动精度高、成本低、驱动效率高等优点,应用最为广泛。

电气驱动元件包括驱动器和电动机。一般采用专门的控制卡和控制芯片来编程控制电动机的转速、转角、加减速、启停等。通过控制电动机的旋转角度和运转速度来实现不同的占空比,达到对电动机的怠速控制,这种控制方式需要依靠驱动器实现。现在一般都利用交流伺服驱动器来驱动电动机。

电动机是机器人电气驱动系统中的执行元件,比较常见的有步进电动机、直流伺服电动机、交流伺服电动机等。相应地,电气驱动可分为步进电动机驱动、直流伺服电动机驱动、交流伺服电动机驱动、直接驱动伺服电动机驱动。交流伺服电动机驱动具有大的转矩质量比和转矩体积比,没有直流伺服电动机的电刷和整流子,因而其可靠性高,运行时几乎不需要维护,可用在防爆场合,在工业机器人中应用广泛。

### 1. 步进电动机

步进电动机是一种将电脉冲转化为机械位移的执行元件。当步进驱动器接收到一个脉冲信号,它就驱动步进电动机按设定的方向转动一个固定的角度(称为步距角),即步进电动机的旋转是以固定的角度一步一步运行的。因此,对于步进电动机,可以通过控制脉冲个数来控制角位移量,从而达到准确定位的目的;同时可以通过控制脉冲频率来控制电动机转动的速度和加速度,从而达到调速和定位的目的。步进电动机的控制较为简单,经常应用于开环控制系统,主要有以下特点。

(1)输出角与输入脉冲严格成比例,且在时间上同步。步进电动机的步距角不受各种干涉因素(如电压的大小、电流的数值、波形等)影响,转子的速度主要取决于脉冲信号的频率,总的位移量则取决于总脉冲数。

(2)容易实现正反转和启、停控制,启停时间短。

(3)输出转角的精度高,无累计误差。步进电动机实际步距角与理论步距角总有一定的误差,且误差会累积,但步进电动机转过一周后,总的误差又回到零。

(4)直接用数字信号控制,与计算机连接方便。

(5)维修方便,寿命长。

### 2. 直流伺服电动机

直流伺服电动机特指直流有刷伺服电动机,伺服主要靠脉冲来定位,伺服电动机接收到 1 个脉冲,就会旋转 1 个脉冲对应的角度,从而实现位移。因为伺服电动机本身具备发出脉冲的功能,所以伺服电动机每旋转一个角度,都会发出对应数量的脉冲,这样,和伺服电动机接受的脉冲形成了呼应,或者叫闭环,如此一来,系统就会知道发了多少脉冲给伺服电动机,同时又收了多少脉冲回来,这样就能够很精确地控制电动机的转动,从而实现精确的定位(可以达到0.001 mm)。

直流伺服电动机的电磁转矩 $T$ 是指电动机正常运行时,带电的电枢绕组在磁场中受到的电磁力作用所形成的总转矩。电磁转矩 $T$ 基本与电枢电流 $I_a$ 成比例:

$$T = K_t \phi I_a \tag{2-1}$$

式中:$\phi$——磁极的磁通;

　　　$K_t$——电动势常数。

直流伺服电动机轴在外力的作用下旋转,两个端子之间会产生电压,称为反电动势。反电动势 $E$ 与转动速度 $\omega$ 成比例,比例系数是 $K_e$,且

$$E = K_e \omega \phi \tag{2-2}$$

在无负载运转时,施加的电压基本等于反电动势,与转动速度成正比。

直流伺服电动机的运转方式有两种,即线性驱动和 PWM(pulse width modulation,脉宽调制)驱动。线性驱动即给电动机施加的电压以模拟量的形式连续变化,是电动机理想的驱动方式,但在电子线路中易产生大量热损耗。实际应用较多的是 PWM 驱动,其特点是在低速时转矩大,高速时转矩急速减小。

直流伺服电动机成本低,结构简单,启动转矩大,调速范围宽,容易控制,需要维护,但维护方便(换碳刷),会产生电磁干扰,对环境有要求。直流伺服电动机最适合应用于工业机器人的试制阶段。

3. 交流伺服电动机

交流伺服电动机一般用于闭环控制系统。常见的交流伺服电动机有 3 类,即鼠笼式感应型电动机、交流整流子电动机和同步电动机。机器人采用交流伺服电动机,可以实现精确的速度控制和定位功能。这种电动机还具备直流伺服电动机的基本性质,又可以理解为把电刷和整流子换为半导体元件的装置,所以也称为无刷直流伺服电动机。

和步进电动机相比,交流伺服电动机具有以下优点。

(1)实现了速度、位置和力矩的闭环控制,克服了步进电动机的失步问题。

(2)高速性能好,一般额定转速能达到 2000~3000 r/min。

(3)抗过载能力强,能承受 3 倍于额定转速的负载,特别适用于有瞬间负载波动和要求快速启动的场合。

(4)低速运行平稳,低速运行时不会产生类似于步进电动机的步进运行现象。

(5)加、减速的动态响应时间短,一般在几十毫秒之内。

(6)发热和噪声明显降低。

4. 直接驱动伺服电动机

在齿轮、皮带等减速机构组成的驱动系统中,存在间隙、回差、摩擦等问题,克服这些问题可以借助直接驱动伺服电动机。对直接驱动伺服电动机的要求是没有减速器,但仍要提供大输出转矩(推力),可控性要好。这种电动机被广泛应用于SCARA 机器人、自动装配机、加工机械、检测机器及印刷机械中。

直接驱动(direct drive,DD)系统,就是电动机与其所驱动的负载直接耦合在一起,中间不存在任何减速机构。

同传统的伺服电动机驱动相比,直接驱动伺服电动机驱动减少了减速机构,从而避免了系统传动过程中减速机构产生的间隙和松动,也避免了减速结构的摩擦及传动转矩脉冲,极大地提高了机器人的精度。特别是采用传统伺服电动机驱动的关节型机器人,其机械刚性差,易产生振动,阻碍了机器人运行操作精度的提高。而直接驱动伺服电动机由于具有机械刚性好、部件少、结构简单、容易维修、可靠性高等特点,可以高速、高精度动作,因此在高精度、高速度工业机器人应用中越来越引起人们的重视。

直接驱动技术的关键环节是直接驱动伺服电动机及其驱动器,它应具有以下特性。

(1) 输出转矩大。直接驱动伺服电动机的输出转矩应为传统驱动方式中伺服电动机输出转矩的 $50 \sim 100$ 倍。

(2) 转动脉动小。直接驱动伺服电动机的转矩脉动应抑制在输出转矩的 $5\% \sim 10\%$,以消除力矩谐波的影响,保证精确的定位,避免共振。

(3) 效率方面,与采用合理阻抗匹配的电动机(传统驱动方式)相比,直接驱动伺服电动机是在功率转换较差的使用条件下工作的。因此,负载越大,越倾向于选用功率较大的电动机。

# 第3章 工业机器人基本操作

## 3.1 工业机器人安全操作规范

### 3.1.1 安全规范

（1）认识工业机器人。仔细阅读操作手册，熟悉机器的应用与限制，以及与机器相关的潜在性危险。

（2）工作区域环境。保持工作区干净，杂乱的区域以及工作台会引发意外。勿在危险的环境下使用机器，设备工作环境要求：温度要求在 20～40 ℃，湿度要求在 60% 以下。

（3）勿强行操作机器。让机器在其设计速度下安全运转工作。

（4）使用正确的工具。勿强行使机器或附加装置执行工作。

（5）非专业人员勿靠近。所有参观者在工作区域内必须保持安全的距离。

（6）穿着合适的衣服。避免穿戴可能被移动部分卷入的宽松衣物、手套、项链、手镯或首饰。建议穿着防滑鞋，戴上包住长头发的发帽。

（7）勿在机器处于工作状态下保养机器。机器应进行适当保养，如润滑、调整。

（8）维修、更换配件之前，必须切断机器的电源。

（9）保持防护装置在原来位置并时刻有效。

（10）当机器工作时不要进行清理工作。

（11）不可以移动、更改警告标示并且及时更换模糊的标示。

（12）请绝对不要在易被水溅到的地方、腐蚀气体的环境、易燃气体的环境及可燃物旁使用。

### 3.1.2　注意事项

（1）穿戴和使用规定的工作服、安全鞋、安全帽、保护用具等。

（2）工业机器人周围工作区域必须整洁，无油、水及杂质等。装卸工件前，先将机械手运动至安全位置，严禁在装卸工件过程中操作工业机器人。

（3）不要戴着手套操作示教器，如需要手动控制机器人时，应确保机器人动作范围内无任何人员或障碍物，将速度由慢到快逐渐调整，避免速度突变造成伤害或损伤。

（4）未经许可不能擅自进入机器人工作区域，机器人处于再现模式时，严禁进入机器人本体动作范围内。

（5）机器人钥匙必须保管好，严禁非授权人员使用机器人。

（6）禁止用力摇晃机器人及在机器人上悬挂重物。

（7）禁止倚靠控制箱，防止不小心碰到开关或按钮。

（8）示教作业前，需仔细确认示教器的安全保护装置是否能够正确工作，如【紧急停止】按钮。

（9）调试人员进入机器人工作区域时，需随身携带示教器，以防他人误操作。

（10）执行程序前，应确保工业机器人工作区内不得有无关的人员、工具、物品，并确认工件夹紧可靠。

（11）机器人动作速度较快，存在危险性，操作人员应负责维护工作站正常运转秩序，严禁非工作人员进入工作区域。

（12）机器人运行过程中，严禁操作者离开现场，以确保及时处理意外情况。

（13）机器人工作时，操作人员应注意查看手爪夹装工件状况，防止工件突然掉落。

（14）线缆不能绕曲成麻花状或与硬物摩擦，以防内部线芯折断或裸露。示教器和线缆不能放置在变位机上，应随手携带或挂在操作位置上。

（15）当机器人停止时，不要马上认为其已经完成工作了，因为机器人很可能是在等待让它继续工作的输入信号。

（16）因故离开设备工作区域前应按下【紧急停止】按钮，避免突然断电或者关机造成零位丢失，并将示教器放置在安全位置。

（17）中断示教时，为了确保安全，应按下【紧急停止】按钮。

（18）当察觉到有危险时，应立即按下【紧急停止】按钮，让机器人停止运转。

（19）工作结束时，应使机械手置于零点位置或安全位置。为了确保安全，要养成按下【紧急停止】按钮切断机器人伺服电源后再断开电源设备开关的习惯。

（20）严禁在控制柜内随便放置配件、工具、杂物等，以免影响到部分线路，造成设备的异常。

（21）随时确认机器人运行是否正常，如出现异常情况未能排除或发现原因，请立即联系售后人员。

（22）操作机器人之前，按下控制柜前门及示教盒上的【紧急停止】按钮，并确认电机电源被切断。

（23）急停后再接通电机电源时，要解除造成急停的事故。

（24）由于误操作造成的机器人动作，可能引发人身伤害事故。

（25）进行以下作业时，请确认机器人的动作范围内没人，并且操作者处于安全位置：

- 机器人接通电源时；
- 用示教盒操作机器人时；
- 试运行时；
- 自动再现时。

（26）机器人在动作范围内示教时，请遵守以下事项：

- 保持从正面观看机器人；
- 遵守操作步骤；
- 降低运动速率；
- 考虑机器人失控的应急方案。

（27）不慎进入机器人动作范围内或与机器人发生接触，都有可能引发人身伤害事故。另外，发生异常时，请立即按下示教盒【紧急停止】按钮（如果按下示教盒【紧急停止】按钮未能终止异常则务必按下控制柜【紧急停止】按钮或切断控制柜电源）。

（28）机器人再现程序选择错误，移动方向执行错误，坐标系变更等改变机器人运行参数的操作将有可能导致人员受伤或设备损坏。

（29）进行机器人示教作业前要检查机器人动作有无异常，外部电线遮盖物及外包装有无破损，有异常或破损则应及时修理或采取其他必要措施。

（30）请勿随意放置机器人示教盒，用完后应放回控制柜挂钩处。

# 3.2　工业机器人坐标设定

## 3.2.1　坐标系的分类

坐标系的种类很多,常用的坐标系有笛卡尔直角坐标系、平面极坐标系、柱面坐标系和球面坐标系等。对于工业机器人而言,主要包括世界坐标系(也称地球坐标系、大地坐标系)、基坐标系、工具坐标系、工件坐标系、关节坐标系和用户坐标系等,如图 3-1 所示。

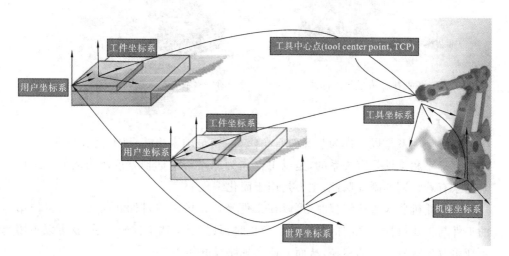

图 3-1　工业机器人常用坐标系的空间关系

1. 世界坐标系

世界坐标系即通用坐标系,以大地为参考。工业机器人的世界坐标系是被固定在空间上的标准直角坐标系,由机器人开发人员事先确定标准参考位置,如图 3-2 所示。

2. 基坐标系

基坐标系是工业机器人的基础坐标系,是以机器人安装基座为基准、用来描述机器人本体运动的直角坐标系。任何机器人都离不开基坐标系,在简单的应用程序中,用户可以在基坐标系中对机器人的动作进行编程。

3. 工具坐标系

工具坐标系是表示工具中心点(TCP)和工具姿势的直角坐标系。工具坐标系通常以 TCP 为原点,将工具方向取为 $z$ 轴。TCP 的位置通过相对机械接口坐标系的工具中心点的坐标值 $x$、$y$、$z$ 来定义,如图 3-3 所示。

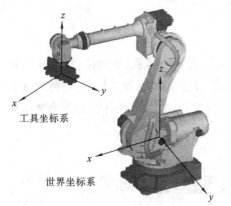

图 3-2  工业机器人世界坐标系          图 3-3  六轴机器人关节坐标系及运动方向

4. 工件坐标系

工件坐标系是以工件为基准的直角坐标系,是用来描述 TCP 运动的坐标系。工件坐标系和工件是有关系的,是以工件作为原点与坐标轴方位所构成的。工件坐标系有着特别的附加属性,主要是用于简化编程。

对工业机器人进行编程时,可以在工件坐标系中建立目标和路径。当工作站的工件与工业机器人之间的位置发生变化时,只需要更改工件坐标系,就可以不用重新更改工业机器人的路径,从而方便实现路径的纠正。

5. 关节坐标系

关节坐标系是设定在机器人的关节中的坐标系。在关节坐标系下,机器人各轴均可实现单独的正向或反向运动。图 3-4 是关节坐标系中所有轴都为 0°的状态。

6. 用户坐标系

在工业机器人的使用过程中,一般在操作的工件上建立一个工件坐标系,也称为用户坐标系。然而工件的位置可能会因为操作任务的不同而改变,通常需要重新建立用户坐标系,并标定出用户坐标系相对于机器人机座坐标系的转换关系,因此在实际的生产中经常需要快速实现工件坐标系的标定。

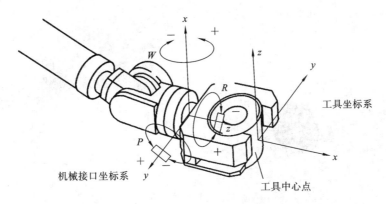

图 3-4　TCP 与机械接口坐标系的位置关系

## 3.2.2　工具坐标系

1. 工具坐标系的建立原理

① 在机器人工作空间内找一个精确的固定点作为参考点。

② 确定工具上的参考点(一般选择工具中心点)。

③ 手动操纵机器人,至少以 4 种不同的工具姿态,将机器人工具上的参考点尽可能与固定点刚好接触。工具的姿态差别越明显,建立的工具坐标系精度将越高。

④ 通过 4 个位置点的位置数据,机器人可以自动计算出 TCP 的位置,并将 TCP 的位姿数据保存在相应文件夹里供调用。

在建立工具坐标系之前,需准备带有尖锥端的工具和工件,如图 3-5 所示,将工具安装在机器人第 6 轴的末端法兰上,工件固定安装在工作台面上。

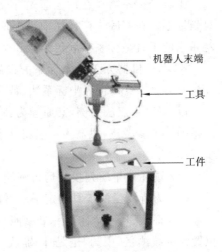

图 3-5　机器人末端工具

机器人系统对其位置的描述和控制是以机器人的工具中心点为基准的,而工具坐标系建立的目的是将默认的机器人控制点转移至工具末端,使默认的工具坐标系变换为自定义工具坐标系,方便用户手动操纵和编程调试,如图 3-6 所示。

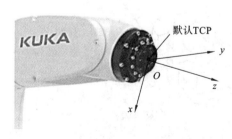

（a）默认工具坐标系 　　　　　　　　（b）自定义工具坐标系

图 3-6　工具坐标系

图 3-6(a)所示的默认 TCP,位于机器人第 6 轴的末端法兰中心处。

图 3-6(b)所示为用户自定义的工具坐标系,是将默认工具坐标系偏移至工具末端后重新建立的坐标系。

**2. 工具坐标系的标定**

工具坐标系需要在编程前先行设定。如果未定义工具坐标系,将使用默认工具坐标系。在实际生产操作中,KUKA 机器人经常会面对不同场合,因此需要设定相应的工具坐标系来满足示教和生产操作需求。

KUKA 机器人工具坐标系的设置方法分为 5 种:XYZ 4 点法、XYZ 参照法、ABC 2 点法、ABC 世界坐标系法、数字输入法。

以 XYZ 4 点法为例,其原理为:将待测工具的 TCP 从 4 个不同方向移向任意选择的一个参考点,机器人系统将从不同的法兰位置值计算出 TCP。其具体操作步骤如下:

(1) 选择菜单序列投入运行→测量→工具→XYZ 4 点。

(2) 为待测量的工具给定一个号码和一个名称。用继续键确认。

(3) 将 TCP 移至任意一个参照点。按下“测量”,点击对话框“是否应用当前位置? 继续测量”中的“是”加以确认。

(4) 将 TCP 从其他方向朝参照点移动,把此步骤重复 3 次。

(5) 负载数据输入窗口自动打开,正确输入负载数据,然后按下“继续”按钮。

(6) 包含测得的 TCP X、Y、Z 值的窗口自动打开,测量精度可在误差项中读取。数据可直接保存。

### 3.2.3　基坐标系

基坐标系是用户对每个作业空间进行定义的直角坐标系,需要在编程前先进行自定义。基坐标系是通过相对全局坐标系的坐标系原点的位置($x$、$y$、$z$ 的值)和 $x$ 轴、$y$ 轴、$z$ 轴的旋转角来定义的。图 3-7 所示为完成的基坐标系效果图。

图 3-7　基坐标系效果图

KUKA 机器人基坐标系的建立步骤如下:

(1) 在示教器中选择主菜单→选择投入运行→测量→基坐标系→三点。

(2) 为基坐标分配一个号码和一个名称。用继续键确认。

(3) 输入需用其 TCP 测量基坐标的工具的编号。用继续键确认。

(4) 将 TCP 移到新基坐标系的原点。点击测量软键并确认位置。

(5) 将 TCP 移至新基座正向 $x$ 轴上的一个点。点击测量并点击"是"确认位置。

(6) 将 TCP 移至 $xy$ 平面上的一个带有正 $y$ 值的点。点击测量并点击"是"确认位置。

(7) 按"保存"键。

(8) 关闭菜单。

创建完成后选择刚才创建的基坐标编号并切换成基坐标,验证 $x$ 方向和 $y$ 方向是否和刚设置的方向一致,一致说明基坐标系创建成功。

# 3.3　工业机器人示教器

## 3.3.1　示教器基本介绍

示教器是工业机器人的人机交互接口,有关工业机器人的所有操作基本上都是通过示教器来完成的,如手动操作工业机器人,编写、测试和运行工业机器人程序,设定、查阅工业机器人状态设置和位置等。

操作机器人之前必须学会正确持拿示教器,示教器的手持方式有两种,见表 3-1。

表 3-1　示教器正确的手持姿势

| 手持方式 | 正　　面 | 背　　面 | 说　　　明 |
|---|---|---|---|
| 方式一 | | | ①两手握住示教器,四指用于按压确认开关。<br>②习惯右手操作的人,用左手按压确认开关,右手操作示教器;习惯左手操作的人,用右手按压确认开关,左手操作示教器 |
| 方式二 | | | 左手按住示教器背面的确认开关,右手对显示屏和按钮进行操作 |

示教器的构成见表 3-2。

表 3-2　示教器构成

| 相 关 部 分 | 说　　明 |
|---|---|
| 按钮 | 28 个 |
| 急停按钮 | 1 个 |
| 钥匙开关 | 1 个 |
| 6D 鼠标 | 1 个 |
| 确定开关 | 3 个 |
| USB 内存支持 | 支持(仅适用于 FAT32 格式的 USB) |
| 是否配备触摸笔 | 是 |
| 支持左手与右手使用 | 支持 |

示教器外形结构如图 3-8 所示,其各部分功能介绍见表 3-3。

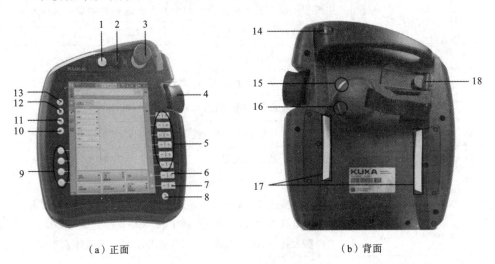

（a）正面　　　　　　　　　　　　　　　　　　（b）背面

图 3-8　示教器外形结构

表 3-3　示教器各部分功能介绍

| 序号 | 名　　称 | 功 能 说 明 |
|---|---|---|
| 1 | smartPAD 按钮 | 用于将示教器从控制器上取下 |

| 序号 | 名　称 | 功 能 说 明 |
|---|---|---|
| 2 | 模式选择 | 用于调用连接管理器的钥匙开关,只有当钥匙插入时,方可转动开关。<br>可以通过连接管理器切换 4 种运行模式:T1、T2、AUT 和 EXT |
| 3 | 紧急停止按钮 | 当发生危险时按下此按钮,工业机器人将立即停止工作 |
| 4 | 6D 鼠标 | 用于手动移动工业机器人 |
| 5 | 程序倍率键 | 用于手动移动工业机器人 |
| 6 | 程序倍率键 | 用于设定程序运行速度倍率调节,以 100%、75%、50%、30%、10%、3%、1%步距为单位进行设定 |
| 7 | 程序倍率键 | 用于设定程序运行速度倍率调节,以 100%、75%、50%、30%、10%、3%、1%步距为单位进行设定 |
| 8 | 主菜单键 | 用于将菜单项显示在 smartHMI 上 |
| 9 | 工艺键 | 主要用于设定工艺程序包中的参数。其确切的功能取决于所安装的工艺程序包 |
| 10 | 启动键 | 用于启动一个程序 |
| 11 | 逆向启动键 | 用于逆向启动一个程序,程序将逐步运行 |
| 12 | 暂停键 | 用于暂停正在运行中的程序 |
| 13 | 键盘键 | 当 smartHMI 需要键盘时,按下此键可自动显示键盘 |
| 14 | smartPAD 示教笔 | 用于操作示教器触摸屏 |
| 15 | 确认开关 | 确认开关有 3 个位置:未按下、中间位置、完全按下。<br>①在运行模式 T1 或 T2 下,确认开关位于中间位置时,机器人处于电机上电状态;未按下或完全按下时,无法执行机器人操作。<br>②机器人处于 AUT 模式和 EXT 模式时,确认开关不起作用 |
| 16 | 启动键 | 绿色按钮,用于启动一个程序 |
| 17 | 确认开关 | 同 15 |
| 18 | USB 接口 | 用于存档,还原等操作。仅适用于 FAT32 格式的 USB |

### 3.3.2　示教器常用功能

smartPAD 常用的功能包括:语言设置、用户组切换、运行模式选择、坐标系切换等。

1. 语言设置

示教器画面出厂默认语言为英文,用户可以将其设定为其他语言。

2. 用户组切换

用户组权限有 5 种模式:用户、专家、安全维护人员、安全调试员、管理员。

(1) 用户:可对机器人示教器进行基础操作,为默认用户组。

(2) 专家:此权限是最高权限。

(3) 安全维护人员:设置部分的权限,该用户可以激活和配置 KUKA 机器人的安全配置。用户可以通过一个密码进行保护。

(4) 安全调试员:针对设备的调试进行部分权限设置。部分菜单栏下的功能不开放。

(5) 管理员:功能和专家用户组一样。另外,可以将插件(plug-ins)集成到机器人控制系统中。

3. 运行模式选择

KUKA 机器人选择运行模式的操作步骤见表 3-4。

表 3-4　运行模式选择的操作步骤

| 序号 | 示 例 图 片 | 操 作 步 骤 |
|---|---|---|
| 1 | 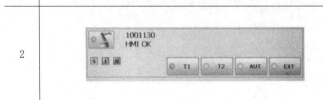 水平状态　KUKA | 将示教器上的【模式选择】切换至水平状态 |
| 2 | 1001130 HMI OK　S I H　T1　T2　AUT　EXT | 选择相应运行模式,如 T1 模式 |

续表

| 序号 | 示 例 图 片 | 操 作 步 骤 |
|---|---|---|
| 3 | 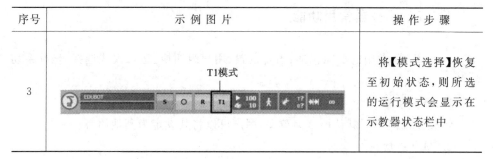 | 将【模式选择】恢复至初始状态,则所选的运行模式会显示在示教器状态栏中 |

4. 坐标系切换

在实际应用中,经常通过切换各种坐标系来完成 KUKA 机器人的某种作业。KUKA 机器人坐标系包括:轴坐标系、全局坐标系、基坐标系和工具坐标系。KUKA 机器人通过触摸 smartHMI 界面中的【显示运行】键来切换坐标系。

# 第4章 工业机器人编程基础

本章将以 KUKA 工业机器人为例介绍工业机器人的常用指令以及编程基础知识,通过学习本章内容和现场实践,读者可了解和掌握 KUKA 工业机器人编程的基础知识,具备一定的编程能力。

## 4.1 工业机器人编程简介

工业机器人编程通常分两种,即面向用户的编程和面向任务的编程。面向用户的编程是工业机器人开发人员为方便用户对工业机器人进行编程而设计的,这种编程涉及底层技术,是工业机器人运动和控制问题的结合,属于工业机器人运动学和控制学方面的编程,主要包括运动轨迹规划、关节伺服控制和人机交互等。面向用户的编程通常采用硬件相关的高级语言,如 C 语言、C++等。面向任务的编程是用户使用工业机器人完成某一作业任务,针对任务编写相应的动作程序,通常采用应用级示教编程语言。

## 4.2 工业机器人基本指令

KUKA 工业机器人常用的基本指令有:运动指令、逻辑指令、流程控制指令。

### 4.2.1 运动指令

运动指令是指以指定的移动速度和移动方法使机器人向作业空间内的指定位

置移动的指令。

运动指令包含 7 个部分:运动方式 1、目标点名称 2、轨迹逼近 3、移动速度 4、运动数据组名称 5、工具坐标号 6 和基坐标号 7,如图 4-1 所示,其各组成部分说明见表 4-1。

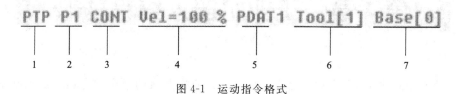

图 4-1 运动指令格式

表 4-1 运动指令各组成部分说明

| 序号 | 名称 | 说明 |
| --- | --- | --- |
| 1 | 运动方式 | 指向目标位置的移动轨迹 |
| 2 | 目标点名称 | 名称可以更改。需要编辑点数据时点击触摸箭头,相关选项窗口即可打开 |
| 3 | 轨迹逼近 | 实际运动轨迹与示教轨迹的接近程度 |
| 4 | 移动速度 | 机器人在实际运动过程中的运动速度 |
| 5 | 运动数据组名称 | 名称可以更改。需要编辑点数据时点击触摸箭头,相关选项窗口即可打开 |
| 6 | 工具坐标号 | 显示当前机器人所使用的工具坐标系 |
| 7 | 基坐标号 | 显示当前机器人所使用的基坐标系 |

KUKA 机器人的运动方式大致分为 3 类,分别是点到点运动(PTP)、直线运动(LIN)和圆弧运动(CIRC)。

1. 点到点运动(PTP)

点到点运动(PTP)是指机器人沿最快轨迹将 TCP 从起始点移动至目标点的运动,这是耗时最短,也是最优化的移动方式。

一般情况下最快的路径并不是最短的路径,也就是说轨迹并非直线。因为机器人上的轴进行回转运动,所以曲线轨道比直线轨道行进更快。所有轴的运动同时开始和结束,因此无法精确地预计机器人的轨迹。

如图 4-2 所示,机器人工具 TCP 从 P1 点移动到 P2 点,采用 PTP 运动方式时,移动路线不一定是直线。由于运动轨迹无法精确预知,因此在调试以及运行过程中,遇到阻挡物体时,应当降低速度来测试机器人的移动特性,否则可能发生碰撞,导致部件或机器人损伤。

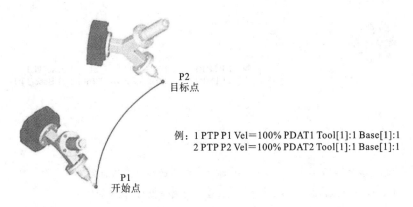

例：1 PTP P1 Vel=100% PDAT1 Tool[1]:1 Base[1]:1
　　2 PTP P2 Vel=100% PDAT2 Tool[1]:1 Base[1]:1

图 4-2　点到点运动

以折叠代码 PTP P3 CONT Vel=100% PDAT 4 Tool[3] Base[0] ColDetect[1]为例,简述该段代码的意义。该代码展开后如下所示：

```
$ BWDSTART=FALSE        //开始动作的说明,无特殊含义
PDAT_ACT=PPDAT4         //加载 LCPDAT4 中的数据至临时变量
FDAT_ACT=FP3            //加载 FP3 中的数据至临时变量
BAS(#PTP_PARAMS, 100.0) //检查临时变量数值,速度为 100%
SET_CD_PARAMS (1)       //使用碰撞监控表 1 的数据
PTP XP3 C_DIS           //启用圆滑过渡
```

2. 直线运动(LIN)

直线运动是指机器人沿一条直线以定义的速度将 TCP 移动至目标点的运动,如图 4-3 所示。

在直线运动过程中,机器人各轴之间将进行配合,使得 TCP 从起点到目标点做直线运动,因为两点确定一条直线,所以只要给出目标点就可以。

以折叠代码 LIN P1 Vel=2.0 m/s CPDAT1 Tool[1] Base[0]为例,简述该段代码的意义。该代码展开后如下所示：

```
$ BWDSTART=FALSE        //开始动作的说明,无特殊含义
LDAT_ACT=LCPDAT1        //加载 LCPDAT1 中的数据至临时变量
```

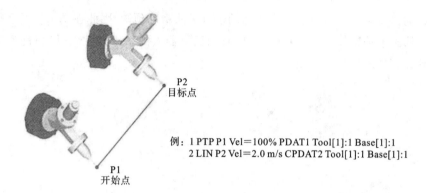

例：1 PTP P1 Vel＝100% PDAT1 Tool[1]:1 Base[1]:1
    2 LIN P2 Vel＝2.0 m/s CPDAT2 Tool[1]:1 Base[1]:1

图 4-3　直线运动

| | |
|---|---|
| FDAT_ACT＝FP1 | //加载 FP1 中的数据至临时变量 |
| BAS(＃CP_PARAMS,2.0) | //检查临时变量数值,速度为 2.0 m/s |
| SET_CD_PARAMS(0) | //使用碰撞监控表 0 的数据 |
| LIN XP1 | //根据以上参数,机器人执行运动 |

### 3. 圆弧运动（CIRC）

圆弧运动是指机器人沿圆弧形轨道以定义的速度将 TCP 移动至目标点的运动,如图 4-4 所示。

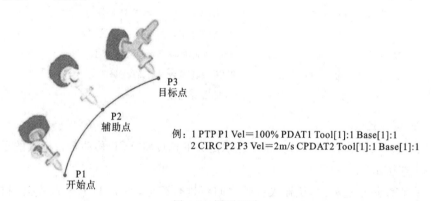

例：1 PTP P1 Vel＝100% PDAT1 Tool[1]:1 Base[1]:1
    2 CIRC P2 P3 Vel＝2m/s CPDAT2 Tool[1]:1 Base[1]:1

图 4-4　圆弧运动

圆形轨道是通过起始点、辅助点和目标点定义的,起始点、辅助点和目标点应在同一个平面上。上一条指令以精确定位方式抵达的目标点可以作为起始点;辅助点是指圆弧所经历的中间点,对于辅助点来说,只有 $X$、$Y$ 和 $Z$ 轴起决定作用;目标点是指 TCP 要到达的位置。为了让机器人能够尽可能准确地确定这一平面,上述三点相互之间离得越远越好。

如果要求机器人按给定的速度精确地沿着某条轨迹抵达某一个点,或者在移动过程中存在对撞的危险而不能以 PTP 运动方式抵达目标点的时候,可以采用直线运动或圆弧运动。

以折叠代码 CIRC P7 P8 CONT Vel=2m/s CPDAT6 Tool[4] Base[0] Col-Detect[1]为例,简述该段代码的意义。该代码展开后如下所示:

```
$ BWDSTART=FALSE           //开始动作的说明,无特殊含义
LDAT_ACT=LCPDAT6           //加载 LCPDAT6 中的数据至临时变量
FDAT_ACT=FP8               //加载 FP8 中的数据至临时变量
BAS(#CP_PARAMS,2)          //检查临时变量数值,速度为 2 m/s
SET_CD_PARAMS(1)           //使用碰撞监控表 1 的数据
CIRC XP7, XP8 C_Dis C_Dis  //经过 XP7、XP8 作圆弧并启用圆滑过渡
```

### 4.2.2　逻辑指令

KUKA 工业机器人常用的逻辑指令有 WAIT(等待延时)、WAIT FOR(等待信号输入)、OUT(信号输出)、PULSE(脉冲输出)。

1. WAIT(等待延时)

WAIT 在联机表格中如图 4-5 所示。WAIT 指令是与时间相关的等待功能指令,使用 WAIT 指令可以使机器人按照编程设定的时间暂停操作,WAIT 指令总是触发一次预进停止,单位为 s。例如,指令 WAIT Time=1 sec,意为机器人等待一秒钟。

图 4-5　WAIT 指令联机表格

2. WAIT FOR(等待信号输入)

WAIT FOR 指令在联机表格中如图 4-6 所示。WAIT FOR 指令是与信号相关的等待功能指令。需要时可将多个信号(至多 12 个)按逻辑连接。如果添加了一个逻辑连接,则指令中会出现用于附加信号和其他逻辑连接的选项。

图 4-6 所示指令联机表格各个区块的意义见表 4-2。

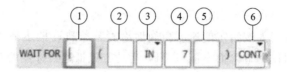

图 4-6　WAIT FOR 指令联机表格

表 4-2　WAIT FOR 指令区块内容

| 序号 | 说明 |
|---|---|
| ① | 添加外部连接。运算符位于加括号的表达式之间。<br>• AND<br>• OR<br>• EXOR<br>• NOT<br>•〔空〕 |
| ② | 添加内部连接，运算符位于加括号的表达式内。<br>• AND<br>• OR<br>• EXOR<br>• NOT<br>• 〔空〕 |
| ③ | 等待的信号。<br>• IN<br>• OUT<br>• CYCFLAG<br>• TIMER<br>• FLAG |
| ④ | 信号的编号。<br>• 1,2,…,4096 |
| ⑤ | 信号的名称。<br>• 如果已有名称会显示出来,仅限于专家用户组使用。<br>• 通过点击长文本可以输入名称,也可以自由选择。 |
| ⑥ | • CONT:在预进过程中加工<br>• 〔空白〕:带预进停止的加工 |

3. OUT(信号输出)

OUT 指令在联机表格中如图 4-7 所示。OUT 指令是信号输出指令,将数字输出端口切换成 TRUE(高电平)或者 FALSE(低电平)状态。

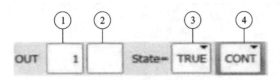

图 4-7　OUT 指令联机表格

图 4-7 所示指令联机表格各个区块的意义见表 4-3。

表 4-3　OUT 指令区块内容

| 序号 | 说明 |
| --- | --- |
| ① | 输出端的编号。<br>• 1,2,…,4096 |
| ② | 输出端的名称。<br>• 如果输出端已有名称会显示出来。<br>• 仅限于专家用户组使用。<br>• 通过点击长文本可以输入名称,也可以自由选择。 |
| ③ | 输出端接通的状态。<br>• TRUE:高电平<br>• FALSE:低电平 |
| ④ | • CONT:在预进中进行的编辑<br>• [空白]:含预进停止的处理 |

4. PULSE(脉冲输出)

PULSE 指令在联机表格中如图 4-8 所示。PULSE 指令是输出一个定义长度的脉冲。

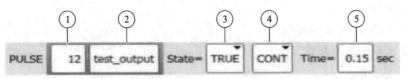

图 4-8　PULSE 指令联机表格

图 4-8 所示指令联机表格各个区块的意义见表 4-4。

表 4-4    PULSE 指令区块内容

| 序号 | 说明 |
|------|------|
| ① | 输出端的编号。<br>• 1,2,…,4096 |
| ② | 输出端的名称。<br>• 如果输出端已有名称会显示出来。<br>• 仅限于专家用户组使用。<br>• 通过点击长文本可以输入名称,也可以自由选择。 |
| ③ | 输出端接通的状态。<br>• TRUE:高电平<br>• FALSE:低电平 |
| ④ | • CONT:在预进过程中加工<br>• [空白]:带预进停止的加工 |
| ⑤ | 脉冲长度。<br>• 0.1 s,…,3.0 s |

对于上述指令释义中的计算机"预进"进行如下解释:

计算机预进时预先读入运动语句,以便控制系统能够在有轨迹逼近指令时进行轨迹设计。但处理的不仅仅是预进运动数据,还有数学的和控制外面设备的指令。

## 4.2.3    流程控制指令

流程控制指令一般分为循环指令和分支指令。其中循环指令是指不断重复执行指定指令块的指令,直到满足终止条件;分支指令中的指定指令块只会在特定条件下被执行。

1. LOOP(无限循环指令)

无中断的指令格式如下:

① LOOP

② ……

③ ENDLOOP

显然,②中为无限循环指令段,在实际操作中无限循环指令是应当被禁止的。

有中断的指令格式如下:

① LOOP

② ……

③ IF [1]

④ EXIT

⑤ ENDIF

⑥ ENDLOOP

显然,②中为循环指令段,此时,每执行一次②,便判断③中的条件[1]是否满足,不满足则继续重复执行②,直至满足条件,即可跳出循环。

2. FOR(计数循环)

FOR 指令是一种可以通过规定重复次数执行一个或多个指令的控制结构。循环的次数通过计数的大小控制,当计数量超过设定值,程序便停止运行。

指令格式如下:

① FOR counter = start TO last STEP increment

② ……

③ ENDFOR

其中指令段①中,counter:计数变量,整数;start:计数开始值;last:计数终止值;increment:步幅,默认值为 1。现给出相关示例:

```
INT i;  //定义整型变量 i
FOR i=17 TO 21  //给 i 赋值 17,使其增长到 21,每次增加 1
$OUT[i]=TRUE  //循环体,将输出端 17-21 依次切换为 TRUE
ENDFOR  //结束循环
```

3. WHILE&REPEAT(条件循环)

WHILE 是一种前测试循环,这种循环会先判断条件是否成立,成立则再执行循环体,反之退出循环。

WHILE 循环格式如下:

① WHILE condition

② ……

③ ENDWHILE

其中,condition 是循环判断条件。

REPEAT 是一种后测试循环,这种循环会先执行循环体,再判断条件是否成立,成立则继续执行,反之退出循环。

REPEAT 循环格式如下:

① REPEAT

② ······

③ UNTIL condition

其中,condition 是循环判断条件。

4. IF(条件型分支指令)

IF 语句由一个条件和两个执行部分组成,如果满足条件,则执行一个执行部分,反之,执行另一个。

IF 指令格式如下:

① IF condition THEN

② ······[1]

③ ELSE

④ ······[2]

⑤ ENDIF

显然,如果满足条件 condition,便执行[1],反之,执行[2]。

5. SWITCH···CASE(多分支结构指令)

若工程任务需要区分多种情况并分情况执行不同的操作,则可使用 SWITCH ···CASE 语句。

SWITCH···CASE 指令格式如下:

① SWITCH ···

② CASE···

③ ······

④ CASE···

⑤ ······

⑥ ······

⑦ DEFAULT

⑧ ······

⑨ ENDSWITCH

现给出相关示例,以便理解。

```
INT i; //定义整型变量i
……
SWITCH i //检查变量i的值
CASE 1 //如果 i=1,则执行下一行函数体
PTP P5 Vel=100% PDAT3 TOOl[1]:1 BASE[1]:1        //运动到点 P5
CASE 2 //如果 i=2,则执行下一行函数体
PTP P6 Vel=100% PDAT4 TOOl[1]:1 BASE[1]:1        //运动到点 P6
DEFAULT //如果 i 不满足上述所有情况,则执行下一行函数体
PTP HOME Vel=100% PDAT4 TOOl[1]:1 BASE[1]:1        //运动至 HOME
ENDSWITCH //结束
```

## 4.3　工业机器人程序语句与结构

KUKA 机器人编程语言是一种类 Python 的高级编程语言,编程方式灵活多样,语句指令功能强大。KUKA 机器人操作系统使用的是 Windows 系统,是直观、高效的面向对象的图形用户界面,支持多任务操作。

### 4.3.1　程序语句

本小节将介绍 KUKA 工业机器人常用的编程语句,具体内容见表 4-5。

表 4-5　KUKA 工业机器人常用语句

| 序号 | 关键字 | 解释 |
| --- | --- | --- |
| 1 | $ ANIN[] | 模拟输入 |
| 2 | $ ANOUT[] | 模拟输出 |
| 3 | BRAKE | 刹车 |
| 4 | CIRC | 圆弧运动 |
| 5 | CIRC_REL | 圆弧相对运动 |

续表

| 序号 | 关键字 | 解释 |
|---|---|---|
| 6 | CONTINUE | 预读 |
| 7 | DECL | 声明关键字 |
| 8 | DEF … END | 模块声明 |
| 9 | DEFFCT<br>…<br>ENDFCT | 函数声明<br>函数体<br>函数体结束 |
| 10 | EXIT | 跳出 |
| 11 | FOR … TO …<br>…<br>ENDFOR | 计数循环<br>循环体<br>结束循环 |
| 12 | FALSE | 假(低电平) |
| 13 | TRUE | 真(高电平) |
| 14 | GOTO | 跳转 |
| 15 | GLOBAL | 全局关键字 |
| 16 | HALT | 停止 |
| 17 | IF condition<br>THEN [1]<br>ELSE [2]<br>ENDIF | 分支声明及条件<br>如果满足条件,执行[1]<br>反之,执行[2]<br>结束分支 |
| 18 | SIGNAL | 信号声明 |
| 19 | INTERRUPT …<br>DECL …<br>WHEN …<br>DO … | 中断声明<br>优先级<br>触发事件<br>中断程序 |
| 20 | INTERRUPT<br>ON/OFF | 中断<br>启动/停止 |
| 21 | INTERRUPT<br>DISABLE/ENABLE | 中断<br>不激活/激活 |

| 序号 | 关键字 | 解释 |
|------|--------|------|
| 22 | LIN | 直线运动 |
| 23 | LIN_REL | 直线相对运动 |
| 24 | LOOP | 无限循环声明 |
| | … | 循环体 |
| | ENDLOOP | 结束循环 |
| 25 | $ OUT[] | 数字输出 |
| 26 | $ IN[] | 数字输入 |
| 27 | PTP | 点到点运动 |
| 28 | PTP_REL | 点到点相对运动 |
| 29 | SCIRC | 圆弧运动 |
| 30 | SCIRC_REL | 圆弧相对运动 |
| 31 | SLIN | 直线运动 |
| 32 | SLIN_REL | 直线相对运动 |
| 33 | SPTP | 点到点运动 |
| 34 | SPTP_REL | 点到点相对运动 |
| 35 | PULSE | 脉冲 |
| 36 | WAIT FOR | 循环等待 |
| 37 | WAIT SEC | 时间等待 |
| 38 | RETURN | 终止程序(模块) |
| 39 | TRIGGER WHEN PATH | 运动过程触发 |
| 40 | RESUME | 终止程序(中断) |
| 41 | REPEAT | 循环声明 |
| | … | 循环体 |
| | UNTIL condition | 循环继续判断条件 |
| 42 | WHILE condition | 循环继续判断条件 |
| | … | 循环体 |
| | ENDWHILE | 循环结束 |

| 序号 | 关键字 | 解释 |
|---|---|---|
| 43 | SWITCH … | 分支声明及测试条件 |
| | CASE … | 满足测试条件程序体 |
| | DEFAULT … | 默认程序体 |
| | ENDSWITCH | 结束 |

部分难以理解的关键字在表 4-5 中未有详细的解释,因此现对其进行声明以便读者理解。

(1)针对表格序号 15 的 GLOBAL 全局关键字作如下声明:

该关键字在局部程序段中(子程序)声明可用于全局的变量或函数。主函数中定义的函数变量可以用于全局,但是子函数的函数变量只能用于该子函数程序段。因此,倘若要使子函数的函数变量用于全局就需要使用 GLOBAL 关键字。

(2)针对表格序号 20 的中断定义关键字作如下声明:

首先需要了解在何种情况下使用中断程序,如制动机器人和取消运动、废弃当前轨迹规划等。其次,需要了解中断的基本特点,最多同时允许声明 32 个中断程序,在同一时间段至多可以同时激活 16 个中断程序。再者,关于中断的优先级,有 1、2、4~39、81~128 可供选择,优先级 3、40~80 是预留给系统中断的,优先级 19 一般是制动测试,如果多个中断程序同时触发,那么会执行优先级高的(1 是优先级最高的)中断程序。

现给出示例程序段以便读者理解:

```
INTERRUPT DECL 21 WHEN $ IN[25]==TRUE DO INTERRUPT_PROG()
                              //定义中断
INTERRUPT ON 21               //中断被识别并被立即执行(脉冲正沿)
...
INTERRUPT DISABLE 21          //中断被识别和保存,但未被执行(脉冲正沿)
...
INTERRUPT ENABLE 21           //现在才执行保存的中断
...
INTERRUPT OFF 21              //中断已关闭
```

### 4.3.2　程序架构

程序架构可定义为组件的结构及它们之间的关系,以及规范其设计和后续进化的原则和指南。简言之,程序架构是构造与集成软件密集型系统的深层次设计。尽管各种类型的机器人的编程语言从表面上看是不同的,但是它们的架构却有相似之处。图 4-9 所示的架构图便是一般工业机器人程序架构图。

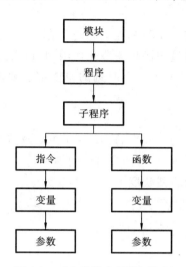

图 4-9　工业机器人程序架构图

程序架构控制指令在 4.2.3 节中已有介绍,例如 LOOP 循环指令,WHILE&REPEAT 条件循环语句,FOR 计数循环语句,IF 条件型分支语句,CASE 条件型多分支语句等。

## 4.4　工业机器人轨迹规划

### 4.4.1　轨迹规划概述

工业机器人轨迹泛指工业机器人在运动过程中的运动轨迹,即运动点的位移、速度和加速度。

工业机器人最常用的轨迹规划方法有两种:第一种方法要求用户对于选定的轨迹节点上的位姿、速度和加速度给出一组显式约束,轨迹规划器从一类函数中选取参数化轨迹,对于节点进行插值,并满足约束条件;第二种方法要求用户给出运动路径的解析式,如直角坐标系中的直线路径解析式。

### 4.4.2 轨迹插补计算

路径控制有点位控制(PTP)和连续轨迹控制(CP)两种。点位控制只要求满足起点、终点的位姿,在轨迹中满足关节几何限制、最大速度、加速度约束即可;而连续轨迹控制对运动过程中每一个时刻的位姿都有要求,故需要引入轨迹插补计算。

1. 直线插补计算

设直线始末位置分别为 $P_0(X_0, Y_0, Z_0)$、$P_\theta(X_e, Y_e, Z_e)$。

设 $v$ 为机器人运动速度,$t_s$ 为插补时间间隔。

由始末位置坐标可得直线长度 $L$:

$$L = \sqrt{(X_e - X_0)^2 + (Y_e - Y_0)^2 + (Z_e - Z_0)^2}$$

$t_s$ 间隔内行程:

$$d = vt_s$$

各轴增量:

$$\Delta X = (X_e - X_0)/N$$
$$\Delta Y = (Y_e - Y_0)/N$$
$$\Delta Z = (Z_e - Z_0)/N$$

各插补点坐标值:

$$X_{i+1} = X_i + i \cdot \Delta X$$
$$Y_{i+1} = Y_i + i \cdot \Delta Y$$
$$Z_{i+1} = Z_i + i \cdot \Delta Z$$

在上式中,$i = 0, 1, 2, 3, \cdots, N$,插补总步数 $N$ 为 $L/d + 1$ 的整数部分。

2. 平面圆弧插补

平面圆弧是指圆弧平面与基坐标系的三大平面之一重合,如图 4-10 所示。

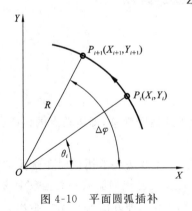

图 4-10 平面圆弧插补

由图可得:

$$X_{i+1} = R\cos(\theta_i + \Delta\theta)$$
$$= R\cos\theta_i \cos\Delta\theta - R\sin\theta_i \sin\Delta\theta$$

令

$$X_i = R\cos\theta_i, \quad Y_i = R\sin\theta_i$$

$$X_{i+1} = X_i \cos\Delta\theta - Y_i \sin\Delta\theta$$

同理，有

$$Y_{i+1} = Y_i \cos\Delta\theta + X_i \sin\Delta\theta$$

其中，

$$\Delta\theta = t_s v / R$$

由 $\theta_{i+1} = \theta_i + \Delta\theta$ 判断是否可达插补终点。

直角坐标系插补计算中包括空间插补计算，空间插补计算又可分为三次多项式插值、过路径点的三次多项式插值、高阶多项式插值、用抛物线过渡的线性插值、过路径点的用抛物线过渡的线性插值等。由于插补计算在机器人编程中有特定指令代替人工来完成，上述案例只是为了帮助读者理解插补计算，故在此不过多赘述，感兴趣的读者可自行了解。

## 4.5　工业机器人编程实例

**实例 1：**

换枪盘抓手程序

```
DEF Q1_PICKGRPPER()                            //程序名称
INI                                            //系统初始化
PTP HOME Vel=100%  DEFAULT                      //HOME 原点
OUT 272 'Grip2_Bracket_Open' State=TRUE         //输出 272 抓手 2 防尘盖打开信号为真
OUT 271 'Grip2_Bracket_Cls' State=FALSE         //输出 271 抓手 2 防尘盖关闭信号为假
WAIT FOR (IN 272 'Grip2_Bracket_Opened')        //等待抓手 2 防尘盖打开到位输入信
                                                    号 272
WAIT FOR (NOT IN 263 'ATC_Face')                //等待换枪盘面接触输入信号 263 为非
WAIT FOR (IN 265 'Grip2_In_Place')              //等待抓手 2 在位输入信号 265
PTP P4 CONT Vel=100%  PDAT2 Tool[0] Base[0]      //点到点运动到 P4
PTP P3 CONT Vel=50%  PDAT1 Tool[0] Base[0]       //点到点运动到 P3
LIN P2 CONT Vel=0.2 m/s CPDAT2 Tool[0] Base[0]   //直线运动到 P2
LIN P1 Vel=0.1 m/s CPDAT1 Tool[0] Base[0]       //直线运动到 P1
WAIT FOR ( IN 263 'ATC_Face' )                  //等待换枪盘面接触输入信号 263
OUT 261 'ATC_LOCK' State=TRUE                   //输出换枪盘锁紧信号 261 为真
```

```
    OUT 262 'ATC_UNLOCK' State=FALSE              //输出换枪盘松开信号 262 为假
    WAIT FOR ( IN 261 'ATC_Locked' )             //等待换枪盘锁紧到位输入信号 261
    RET= IOCTL("PNIO-CTRL",50,3)                 //恢复与抓手阀岛的通信指令
    WAIT Time=1 sec                              //等待 1s
    Harder2=true                                 //将 Harder2 置位为真
    LIN P6 Vel=0.2 m/s CPDAT4 Tool[3]:GRIPPER2 Base[0]
                                                 //直线运动到 P6,速度 0.2 m/s
    LIN P5 CONT Vel=0.2 m/s CPDAT3 Tool[3]:GRIPPER2 Base[0]
                                                 //直线运动到 P5,速度 0.2 m/s
    WAIT FOR ( NOT IN 265 'Grip2_In_Place' )     //等待抓手 2 在位输入信号 265 为假
    LIN P8 CONT Vel=1 m/s CPDAT6 Tool[3]:GRIPPER2 Base[0]
                                                 //直线运动到 P8,速度 1 m/s
    LIN P7 CONT Vel=1 m/s CPDAT5 Tool[3]:GRIPPER2 Base[0]
                                                 //直线运动到 P7,速度 1 m/s
    PTP P9 CONT Vel=100%  PDAT4 Tool[3]:GRIPPER2 Base[0]
                                                 //点到点运动到 P9
    END                                          //程序结束
```

## 实例 2:
修磨程序

```
    DEF TIPDRESS( )                              //程序名称
    INI                                          //初始化
    PTP HOME Vel=100%  DEFAULT                   //机器手回初始点
    OUT 26 'Tip Dress Running' State=TRUE        //输出焊钳修磨信号 26
    OUT 408 'CHK_WELD' State=FALSE               //输出焊机是否通电信号 408 为假,
                                                   切断焊接电源
    PTP P1 CONT Vel=100%  PDAT1 Tool[1]:GUN1 Base[0]   //点到点运动到 P1
    PTP P2 CONT Vel=100%  PDAT2 Tool[1]:GUN1 Base[0]   //点到点运动到 P2
    PTP P3 CONT Vel=100%  PDAT3 Tool[1]:GUN1 Base[0]   //点到点运动到 P3
    PTP P4 CONT Vel=100%  PDAT4 Tool[1]:GUN1 Base[0]   //点到点运动到 P4
    Tipchange                                    //更换电极帽部分
    IF (TipchangeReq==true) then                 //如果 TipchangeReq 为真
    OUT 257 'W.A.Unit_Sol_ON' State=FALSE        //输出断水信号 257 为假,断水
    WAIT FOR ( NOT IN 257 'WaterFlow_OK' )       //等待水压信号 257 没有输入
    OUT 27 'Tip Change Position' State=TRUE      //输出焊钳在电极帽更换位置信号
```

为真

AG                                              //跳转指针

MsgDialog(TipAnswer,"Tip change complete?","TIPD",,,,,,,"NO","YES")

IF (TipAnswer==1) then                          //如果 TipAnswer 为真

PULSE 28 'Tip Change Complete' State=TRUE Time=2 sec

                                         //输出脉冲为 2 s 的电极帽更换完成信号

ENDIF

IF (TipAnswer==2) then                          //如果 TipAnswer 为真

GOTO AG                                         //跳转指针 AG

ENDIF

INIT ServoGun=1 New                             //电极初始化

OUT 27 'Tip Change Position' State=FALSE

                                         //输出焊钳在电极帽更换位置信号为假

OUT 257 'W.A.Unit_Sol_ON' State=TRUE            //输出断水信号 257 为真,通水

WAIT FOR ( IN 257 'WaterFlow_OK' )              //等待水压信号 257 有输入

TipchangeReq=FALSE                              //将 TipchangeReq 置零

ENDIF

PTP P5 CONT Vel=100%  PDAT5 Tool[1]:GUN1 Base[0]    //点到点运动到 P5

PTP P9 Vel=100%  PDAT10 Tool[1]:GUN1 Base[0]        //点到点运动到 P9

PTP P6 Vel=100%  PDAT7 Tool[1]:GUN1 Base[0]         //点到点运动到 P6

OUT 408 'CHK_WELD' State=FALSE                  //输出焊机是否通电信号 408 为假,切
                                         断焊接电源

OUT 258 'TipdresserON/OFF' State=TRUE           //输出修磨器旋转信号为真

WAIT FOR ( NOT IN 408 'CHK_WELD' )              //等待焊机焊接电源是否切断信号

PTP SG1 Vel=100% PDAT6 TipDress ProgNr=1 ServoGun=1 Part=3.8 mm Force=1.5

kN ApproxDist=5 mm SpotOffset=0 mm Tool[1]:GUN1 Base[0]

OUT 258 'TipdresserON/OFF' State=FALSE          //输出修磨器旋转信号为假

PTP P7 Vel=100%  PDAT8 Tool[1]:GUN1 Base[0]         //点到点运动到 P7

PTP P8 Vel=100%  PDAT9 Tool[1]:GUN1 Base[0]         //点到点运动到 P8

INIT ServoGun=1 Same                            //电极周期性初始化

PTP P10 Vel=100%  PDAT11 Tool[1]:GUN1 Base[0]       //点到点运动到 P10

PTP P11 Vel=100%  PDAT12 Tool[1]:GUN1 Base[0]       //点到点运动到 P11

PTP P12 Vel=100%  PDAT13 Tool[1]:GUN1 Base[0]       //点到点运动到 P12

OUT 26 'Tip Dress Running' State=FALSE          //输出焊钳修磨信号 26 为假

OUT 408 'CHK_WELD' State=TRUE                   //输出焊机通电信号,给焊枪
                                         通电

```
TipDressReq=FALSE                               //将 TipDressReq 置零
PTP P13 Vel=100%  PDAT14 Tool[1]:GUN1 Base[0]   //点到点运动到 P13
PTP HOME Vel=100%  DEFAULT                       //机器手回初始点
END                                             //程序结束
```

# 第5章 KUKA 工业机器人离线仿真

## 5.1 离线编程系统的组成

### 5.1.1 离线编程系统的基本组成

机器人离线编程系统主要由用户接口、机器人系统的三维几何构造、运动学计算、轨迹规划、动力学仿真、传感器仿真、并行操作、通信接口和误差校正共九个部分组成,如图5-1所示。

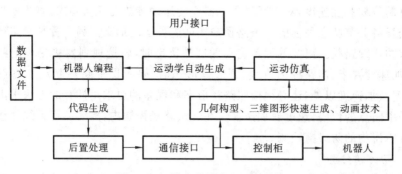

图 5-1 机器人离线编程系统结构

1. 用户接口

工业机器人一般提供两个用户接口,一个用于示教编程,另一个用于语言编程。示教编程可以用示教器直接编制机器人程序,语言编程则是用机器人语言编制程序,使机器人完成给定的任务。

## 2. 机器人系统的三维几何构造

三维几何构造的方法有边界表示、扫描变换表示和结构立体几何表示三种。其中边界表示最便于形体的数字表示、运算、修改和显示,扫描变换表示便于生成轴对称图形,而结构立体几何表示所覆盖的形体较多。机器人的三维几何构造一般采用这三种方法的综合形式。

## 3. 运动学计算

机器人的运动学计算分为运动学正解和运动学逆解两个方面。机器人的运动学正解是指已知机器人的几何参数和关节变量值,求出机器人末端执行器相对于原型坐标系的位置和姿态。机器人的逆解是指给出机器人末端执行器的位置和姿态及机器人的几何参数,反过来求各个关节的关节变量值,即求机器人的形态。机器人的正、逆解是一个复杂的数学运算过程,尤其是逆解需要解高阶矩阵方程,求解过程非常复杂,而且每一种机器人正、逆解的推导过程又不同,所以在机器人的运动学求解中人们一直在寻求一种正、逆解的通用求解方法,这种方法能适用于大多数机器人的求解。这一目标如果能在机器人离线编程系统中加以解决,即在该系统中能自动生成运动学方程并求解,则离线编程系统的适应性就强。

## 4. 轨迹规划

轨迹规划的目的是生成关节空间或直角空间内机器人的运动轨迹。离线编程系统中的轨迹规划是生成机器人虚拟工作环境下虚拟机器人的运动轨迹。机器人的运动轨迹有两种:一种是点到点的自由运动轨迹。这样的运动只要求起始点和终止点的位姿和加速度,对中间过程机器人的运动参数无任何要求,离线编程系统自动选择各关节状态最佳的一条路径来实现这种运动形态。另一种是对路径形态有要求的连续路径。离线编程系统实现这种轨迹时,轨迹规划器接受预定路径和速度、加速度要求,当路径为直线、圆弧等形态时,除了保证路径起点和终点的位姿、速度及加速度以外,还必须按照路径形态和误差的要求用插补的方法求出一系列路径中间点的位姿、速度及加速度。在连续路径控制中,离线编程系统往往还需要进行障碍物的防碰撞检测。

## 5. 动力学仿真

用离线编程系统根据运动轨迹要求求出的机器人运动轨迹,理论上能满足路径的轨迹规划要求。当机器人的负载较轻或空载时,确实不会因机器人动力学特性的变化而引起太大误差,但当机器人处于高速或重载的情况时,机器人的机构或关节可能产生变形而引起轨迹位置和姿态的较大误差。这时就需要对轨迹规划进行机器人动力学仿真,对过大的轨迹误差进行修正。

动力学仿真是离线编程系统实时仿真的重要功能之一,因为只有模拟机器人实际的工作环境(包括负载情况),仿真的结果才能用于实际生产。

6. 传感器仿真

传感器信号的仿真及误差校正也是离线编程系统的重要内容之一。仿真是通过几何图形进行的。如图 5-2 所示为触觉和接近觉传感器的几何模型,对于触觉信息的获取,可以将触觉阵列的几何模型分解成一些小的几何块阵列,然后通过对每一个几何块和物体间干涉的检查,并将所有和物体发生干涉的几何块用颜色编码,通过图形显示获得接触信息。

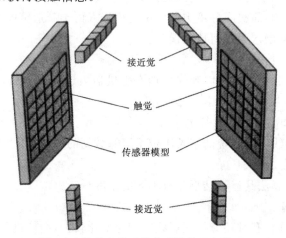

图 5-2　触觉和接近觉传感器的几何模型

接近觉传感器可以利用几何模型间的干涉检查来仿真,此时传感器的几何模型可用一长方体表示,长方体的大小即传感器所测量的范围,将长方体分块,每一块表示传感器所测量的一个单位,通过计算机传感器模型的每一块和外接物体相交的集合,进行接近觉的仿真。

7. 并行操作

有些应用工业机器人的场合须用两台或两台以上的机器人,现场还可能有其他与机器人有同步要求的设备,如输送带、变位机及视觉系统等,这些设备必须在同作业环境中协调工作。这时不仅需要对单个机器人或同步设备进行仿真,还需要同一时刻对多个设备进行仿真,即并行操作。

8. 通信接口

一般工业机器人提供两个通信接口:一个是示教接口,用于示教器(示教盒)与机器人控制柜的连接,通过该接口输出示教器的程序信息;另一个是程序接口,该接口与具有机器人语言环境的计算机相连,离线编程系统也通过该接口输出信息给控制机。所以通信接口是离线编程系统和机器人控制器之间传递信息的桥梁,利用通信接口可以把离线编程系统仿真生成的机器人运动程序转换成机器人控制柜能接受的信息。通信接口的发展方向是接口的标准化,标准化的通信接口能将机器人仿真程序转化为各种机器人控制柜均能接受的数据格式。

9. 误差校正

1) 机器人的几何精度误差

离线编程系统中的机器人模型是用数字表示的理想模型,同一型号机器人的模型数字是相同的,而实际环境中所使用的机器人由于制造精度误差,其尺寸会有一定的出入,这种出入为几何精度误差。

2) 动力学变形误差

机器人在重载的情况下因弹性变形产生机器人连杆的弯曲,从而导致机器人位置和姿态的误差称为动力学变形误差。

3) 控制器和离线编程系统的字长

控制器和离线编程系统的字长决定了运算数据的位数,字长大则精度高。

4) 控制算法

不同的控制算法其运算结果具有不同的精度。

5) 工作环境

在工作空间内,有时环境与理想状态相比变化较大,会使机器人位姿因温度变化产生变形。

目前误差校正的方法主要有两种:一是基准点方法,即在工作空间内选择一些基准点(一般不少于三点),这些基准点具有比较高的位置精度,由离线编程系统规划使机器人运动到这些基准点,通过两者之间的差异形成误差补偿函数;二是利用传感器形成反馈,在离线编程系统所提供的机器人位置的基础上,局部精确定位(靠传感器来完成)。第一种方法主要用于精度要求不太高的场合,如喷涂;第二种方法适用于较高精度要求的场合。

## 5.1.2 仿真软件简介

离线编程在实际机器安装前进行,通过可视化及可确认的解决方案和布局来降低风险,并通过创建更加精确的路径来获得更高的部件质量。常用离线编程软件主要有专用型和通用型两种,专用型离线编程软件是机器人公司针对自身产品开发的软件。常见的专用型离线编程软件有 ABB 公司的 RobotStudio、库卡(KU-KA)公司的 KUKA Sim、发那科(FANUC)公司的 RoboGuide、安川(YASKA-

WA)公司的 MotoSim EG 等。通用型离线编程软件可以兼容市场上主流的工业机器人品牌,国外通用型软件有 RoboDK、RobotMaster、ROBCAD、RobotWorks、RobotMove 等,国内通用型软件有北京华航唯实机器人科技股份有限公司的PQArt、华数机器人有限公司的 iNC Robot 等。

　　本小节的主要研究对象为 KUKA 机器人及其相关原理及应用。KUKA 公司针对 KUKA 机器人开发了专用的仿真软件,主要由 Sim Pro 和 Office Lite 两个软件组合使用,目前主流使用的版本为 Sim Pro 3.0 和 Office Lite 8.3,如图 5-3所示。

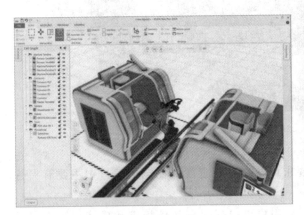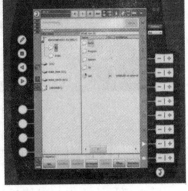

（a）Sim Pro 软件　　　　　　　　　　　（b）Office Lite 软件

图 5-3　KUKA 机器人离线编程软件

　　Office Lite 8.3 是一个虚拟的 KUKA 机器人控制器软件,简单说就是一个虚拟的KUKA 机器人示教器。它需要在虚拟机中运行,实际 KUKA 机器人示教器具有的功能,它全部能够模拟运行。

　　1. Sim Pro 软件

　　KUKA 机器人使用 Sim Pro 软件可以获得更大的灵活度和更高的生产率。Sim Pro 软件的功能包括以下内容。

　　(1)通过直观的操作界面以及众多功能和模块,Sim Pro 软件可以提供解决方案并使离线编程时的效率提高。

　　(2)轻松创建布局图。在项目早期阶段,用户可以通过 Sim Pro 为实际生产设备创建布局,如图 5-4 所示。用户可以用拖拽方式方便地将组件从电子编目中放到所需的位置上,方便检查替代方案并对成本最低的方案进行验证。

　　(3)电子编目和参数建模。电子编目中的大多数组件都已设定了参数,例如,

图 5-4　Sim Pro 设计布局

可以应用一个护栏并根据用户要求调整高度或宽度。在电子编目中主要有夹持器、输送带和护栏。

（4）可达性检查和碰撞识别。用户可以通过可达性检查和碰撞识别来确保 KUKA 机器人程序和工作单元布局图的实现。

（5）使用方便、高效的离线编程。用户可以直接用 KUKA 机器人语言（KRL）编写 KUKA 机器人程序，不需后处理程序，如图 5-5 所示。在离线编程时，可以通过工件测量工具获得相关尺寸。此外，现场创建的程序可以逐一输入用来检查程序的 Office Lite 软件中。

（6）支持智能组件。Sim Pro 软件可以为机械设计几何图形加入运动功能，例如夹持器、焊枪、机床等，使得机械设计更加灵活方便。I/O 组件之间通过信号向导可实现 I/O 信号通信。安装 Sim Pro 3.0 所需的硬件和软件要求见表 5-1。

2. Office Lite 软件

Office Lite 软件是 KUKA 的虚拟机器人示教器，如图 5-3(b) 所示。通过该编程系统，可在任何一台计算机上离线创建并优化程序，创建完成的程序可直接传输给 KUKA 机器人并可以确保即时形成生产力。Office Lite 与 KR C4 系统软件几乎相同，通过使用原 smartHMI 和 KRL 语言句法，其离线操作和编程与 KUKA 机

图 5-5　KUKA 机器人动作仿真

表 5-1　Sim Pro 3.0 软件安装

| 硬　件 | 最 低 要 求 | 推 荐 配 置 |
| --- | --- | --- |
| CPU | Intel i5 或同等标准 | Inter i7 或同等标准 |
| 内存 | 4 GB | 8 GB 或更高 |
| 可以磁盘空间 | 40GB | 40 GB |
| 图形适配器 | AMD 440 集成显卡或同等标准 | NVIDIA 显卡 |
| 屏幕分辨率 | 1 280×1 024 | 1 920×1 080(全高清)或更高 |
| 软件 | 配置要求 | |
| 操作系统 | Windows 7(64 位)或 Windows 10(64 位) | |

器人操作和编程完全相同。Office Lite 软件具有与 KUKA 系统软件相同的特性，具体特性如下。

（1）各个 KUKA 系统软件版本的所有功能全部可用(硬件不能与外围设备连接)。

（2）利用可以使用的程序编译器和解释器进行 KRL 句法检查。

（3）可以创建可执行的 KRL 应用程序。

（4）实时控制 KUKA 机器人应用程序的执行，改进节拍时间。

（5）可以随时和定期在标准计算机上优化程序。

（6）模拟数字式输入端信号，用于测试 KRL 程序中的信号查询。

（7）能够与 Sim Pro 进行 I/O 模拟。

（8）相同的外观感觉像真正的控制器 UI。

（9）采用虚拟机器，独立又灵活。

Office Lite 软件的系统要求见表 5-2。

**表 5-2 Office Lite 软件的系统要求**

| 序号 | 系 统 要 求 |
|---|---|
| 1 | WIN 7(64 位)或 WIN 10(64 位) |
| 2 | Intel i5 处理器或类似处理器 |
| 3 | 4 GB RAM,15 GB 硬盘可用空间 |
| 4 | vmware® Workstation Pro 或 vmware® Workstation Player 12.0 或更高版本 |
| 5 | WorkVisual 4.0 或更高版本 |

# 5.2 离线编程简介

## 5.2.1 离线软件简介

对于 KUKA 机器人离线编程操作，可以采用多种方式进行，不仅可以通过 KUKA 机器人仿真软件 Sim Pro 和 Office Lite 组合，还可以通过 OrangeEdit 和 WorkVisual 等离线编程工具实现 KUKA 机器人离线编程。

1. OrangeEdit 软件

OrangeEdit 软件是一款可以进行简单编程的工具，能够提供良好的代码编辑方案，根据软件的提示，用户在软件中选择编辑的函数类型（内置 126 种函数类型），可以在查找功能上选取需要的函数代码，通过加载函数代码，可以在编程的时候找到直接使用的素材，从而提高编辑的速度。OrangeEdit 支持设计 KRL 代码，内置 KRL 的逻辑编程模板，如果是第一次编辑，可以直接选取模板快速构建编程的框架，并对编辑的代码进行语法检查，搜索错误的地方并进行修改。OrangeEdit 软件界面如图 5-6 所示。

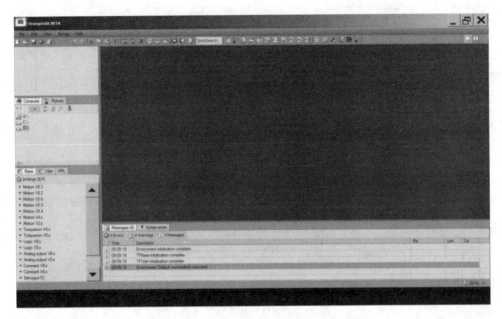

图 5-6　OrangeEdit 软件界面

2. WorkVisual 软件

WorkVisual 软件用于由 KR C4 控制的 KUKA 机器人工作单元的工程环境，主要用于离线编程及通信配置，示教器里的程序可以在软件中显示并编辑；也可用于 KUKA 机器人的 I/O 信号配置以及相关现场总线配置、焊钳配置等。WorkVisual 软件界面如图 5-7 所示。

WorkVisual 软件具有以下功能。

① 架构并连接现场总线。

② 对 KUKA 机器人离线编程。

③ 配置机器参数。

④ 离线配置 RoboTeam。

⑤ 编辑安全配置。

⑥ 将项目传送给 KUKA 机器人控制系统。

⑦ 将项目与其他项目进行比较，如果需要则应用差值。

⑧ 管理备选软件包。

⑨ 配置测量记录、启动测量记录、分析测量记录（用示波器）。

⑩ 调试程序。

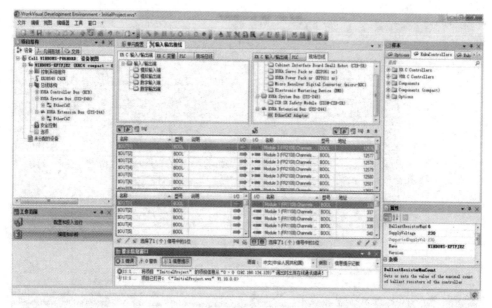

图 5-7　WorkVisual 软件界面

## 5.2.2　软件安装步骤

通过 KUKA 官方网站或者购买 KUKA 机器人时的附带光盘获取 WorkVisual 软件安装包,具体安装步骤见表 5-3。

表 5-3　WorkVisual 软件安装步骤

| 序号 | 图 片 示 例 | 操 作 步 骤 |
|---|---|---|
| 1 | | 打开WorkVisual软件安装包文件,双击【setup】进行安装 |

续表

| 序号 | 图片示例 | 操作步骤 |
| --- | --- | --- |
| 2 | 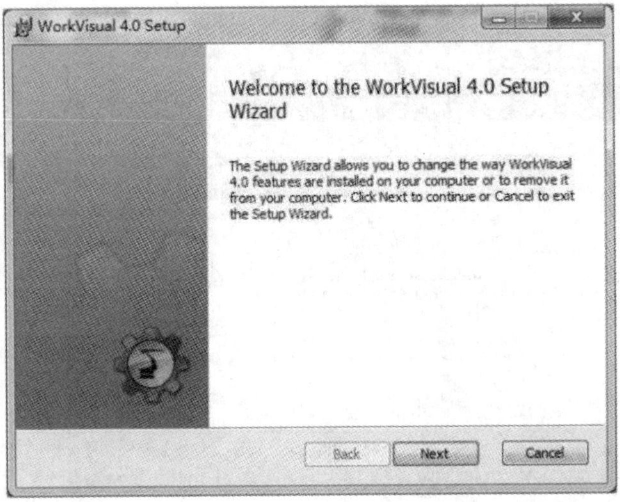 | 单击【Next】 |
| 3 | 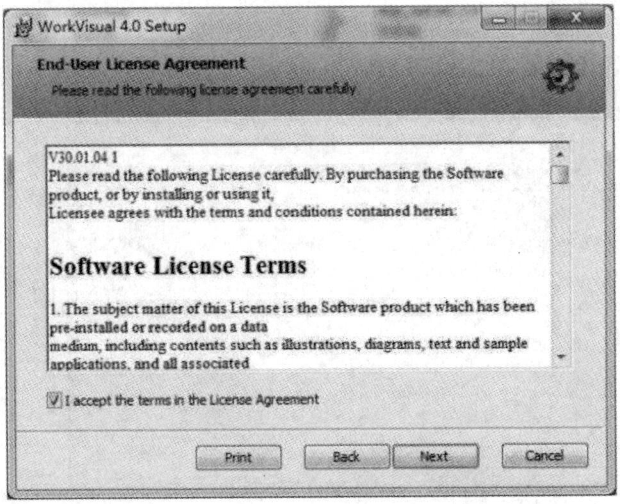 | 勾选许可声明，单击【Next】 |

续表

| 序号 | 图片示例 | 操作步骤 |
| --- | --- | --- |
| 4 | 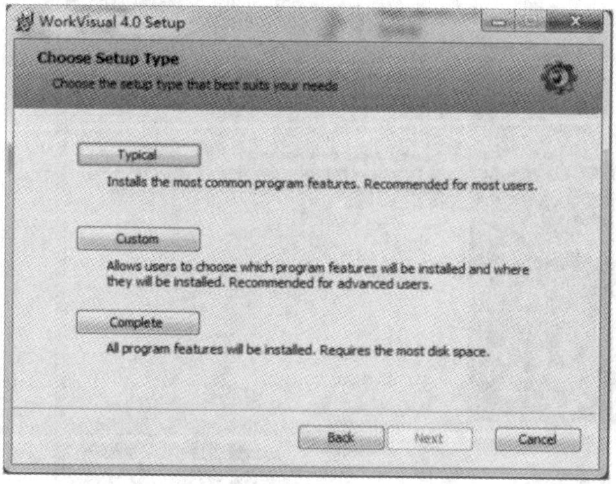 | 根据要求选择安装类型，选择【Complete】 |
| 5 | 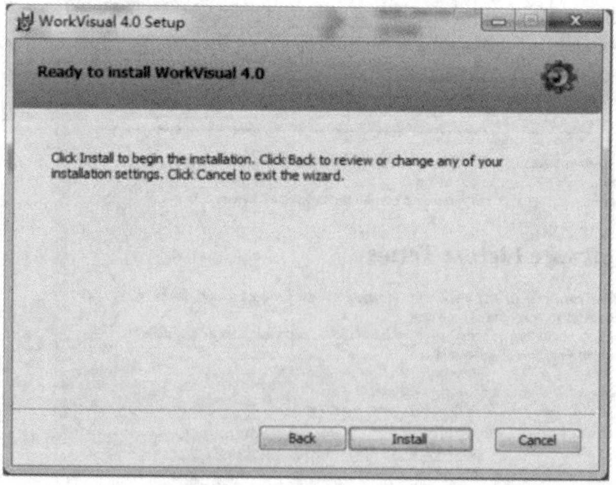 | 单击【Install】 |

续表

| 序号 | 图 片 示 例 | 操作步骤 |
|---|---|---|
| 6 | | 正在安装中，Status 状态显示当前安装的进度状态 |
| 7 | | 单击【Finish】，完成安装 |

# 5.3 KUKA 工业机器人仿真实例

## 5.3.1 通信连接

**1. 硬件连接**

WorkVisual 软件通过 PC 端以太网端口与 KUKA 机器人控制器连接,连接通信线为普通网线。网线一头插入电脑以太网口,另一头插入 KR C4 compact 控制器 X66 端口,接口示意图如图 5-8 所示。

图 5-8　硬件接口示意图

2. 软件连接

完成了硬件连接后,需要进行软件连接操作,具体步骤见表 5-4。

**表 5-4  WorkVisual 软件连接操作步骤**

| 序号 | 图 片 示 例 | 操 作 步 骤 |
|---|---|---|
| 1 | 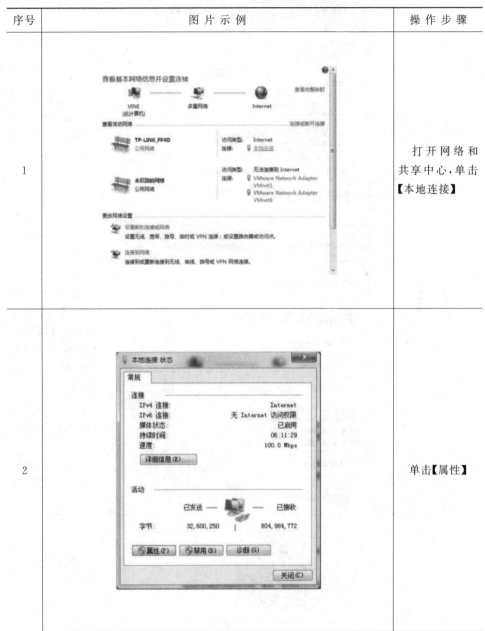 | 打开网络和共享中心,单击【本地连接】 |
| 2 |  | 单击【属性】 |

续表

| 序号 | 图 片 示 例 | 操 作 步 骤 |
|------|------------|------------|
| 3 | 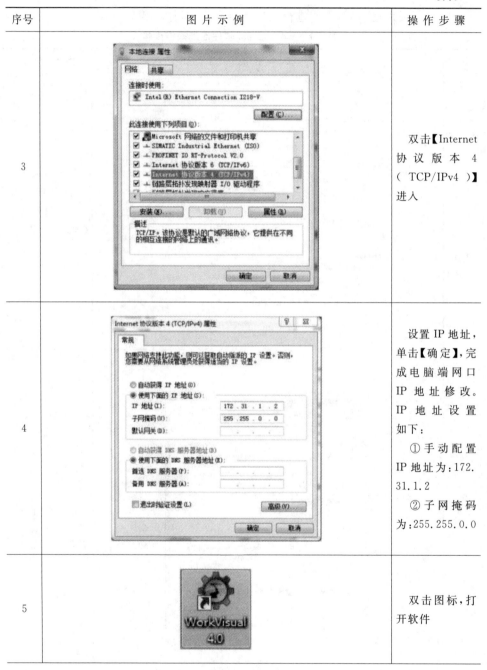 | 双击【Internet 协议版本 4（TCP/IPv4）】进入 |
| 4 | | 设置IP地址，单击【确定】，完成电脑端网口IP地址修改。IP地址设置如下：<br>①手动配置IP地址为：172.31.1.2<br>②子网掩码为：255.255.0.0 |
| 5 | | 双击图标，打开软件 |

续表

| 序号 | 图 片 示 例 | 操 作 步 骤 |
|---|---|---|
| 6 | 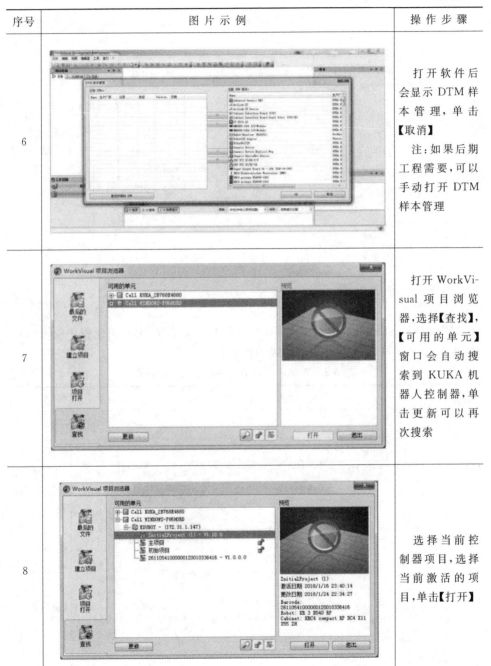 | 打开软件后会显示 DTM 样本管理,单击【取消】<br><br>注:如果后期工程需要,可以手动打开 DTM 样本管理 |
| 7 | | 打开 WorkVisual 项目浏览器,选择【查找】,【可用的单元】窗口会自动搜索到 KUKA 机器人控制器,单击更新可以再次搜索 |
| 8 | | 选择当前控制器项目,选择当前激活的项目,单击【打开】 |

续表

| 序号 | 图 片 示 例 | 操作步骤 |
|------|------------|----------|
| 9 | 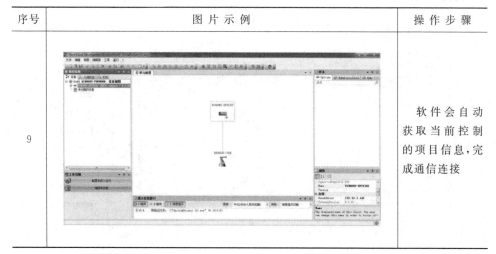 | 软件会自动获取当前控制的项目信息,完成通信连接 |

## 5.3.2　离线编程

WorkVisual 软件可以进行 KUKA 机器人离线编程,主要用于程序逻辑编程。使用 WorkVisual 软件进行简单离线编程的步骤见表 5-5。

**表 5-5　WorkVisual 软件离线编程操作步骤**

| 序号 | 图 片 示 例 | 操作步骤 |
|------|------------|----------|
| 1 | 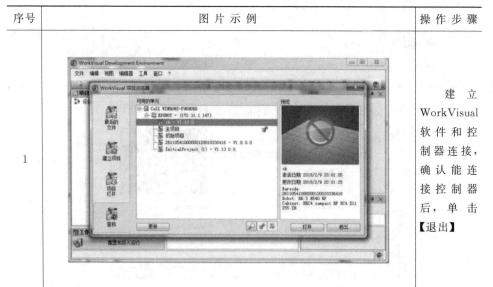 | 建立 WorkVisual 软件和控制器连接,确认能连接控制器后,单击【退出】 |

续表

| 序号 | 图 片 示 例 | 操 作 步 骤 |
|---|---|---|
| 2 | 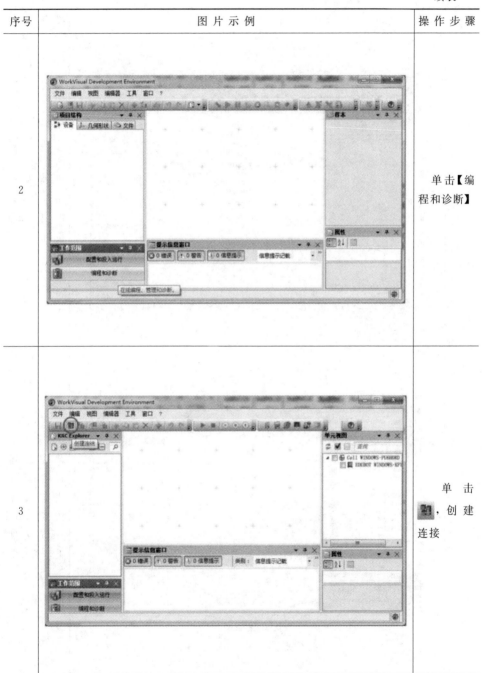 | 单击【编程和诊断】 |
| 3 |  | 单 击 ，创 建 连接 |

| 序号 | 图 片 示 例 | 操作步骤 |
|---|---|---|
| 4 | 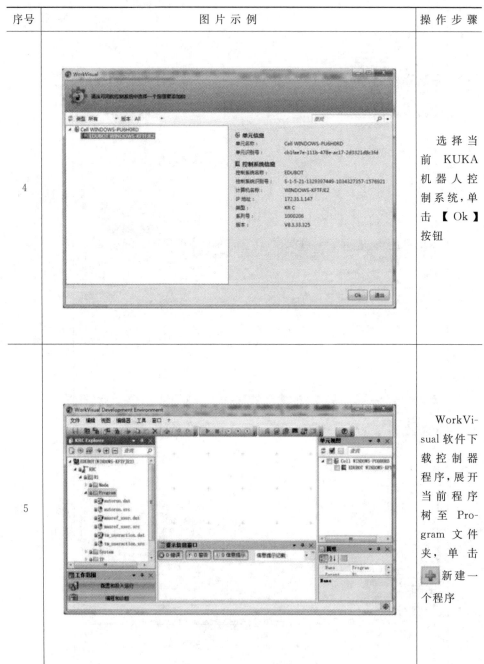 | 选择当前 KUKA 机器人控制系统，单击【Ok】按钮 |
| 5 | | WorkVisual 软件下载控制器程序，展开当前程序树至 Program 文件夹，单击 新建一个程序 |

续表

| 序号 | 图 片 示 例 | 操作步骤 |
|------|-----------|----------|
| 6 |  | 选择在线模板中的【Modul】,更改程序名称为【PROG_OFFLINE】程序 |
| 7 | | 双击【PROG_OFFLINE】程序,打开程序代码 |

续表

<table>
<tr><th>序号</th><th>图 片 示 例</th><th>操 作 步 骤</th></tr>
<tr><td>8</td><td>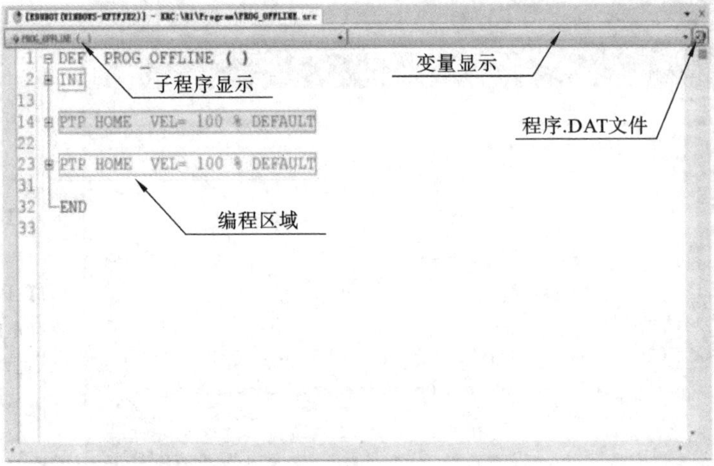
</td><td>合上所有 FOLD，编程界面如左图所示</td></tr>
<tr><td>9</td><td>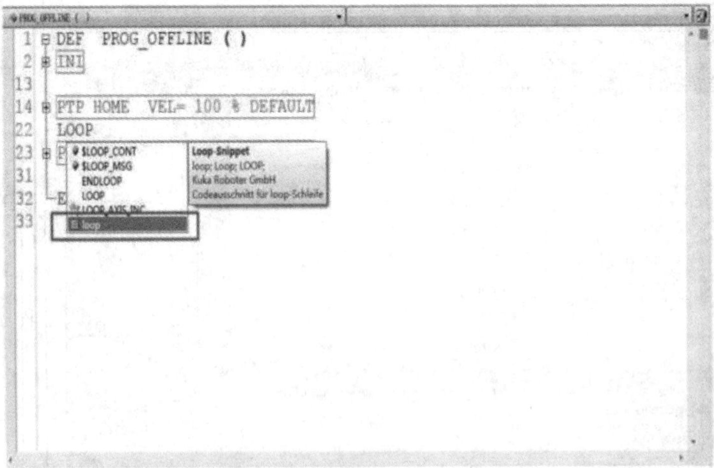
</td><td>在需要编程的位置处输入指令，如输入【LOOP】，双击鼠标左键跳出 LOOP 指令</td></tr>
</table>

续表

| 序号 | 图 片 示 例 | 操作步骤 |
|---|---|---|
| 10 | | 程序会自动补充完成 LOOP 指令格式 |
| 11 | | 在 LOOP 循环中，添加指令<br><br>注：如果指令错误会在提示窗口中显示 |

完成 WorkVisual 软件离线编程后，需要将程序下载至控制器，具体步骤见表5-6。

表 5-6　WorkVisual 软件程序下载操作步骤

| 序号 | 图 片 示 例 | 操作步骤 |
|---|---|---|
| 1 | 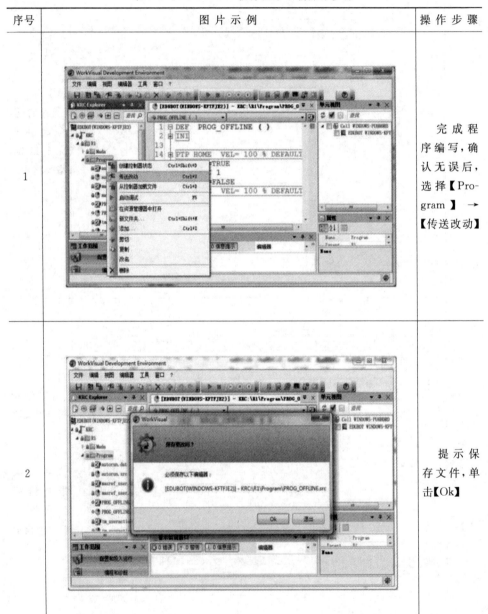 | 完成程序编写，确认无误后，选择【Program】→【传送改动】 |
| 2 |  | 提示保存文件，单击【Ok】 |

续表

| 序号 | 图 片 示 例 | 操 作 步 骤 |
|---|---|---|
| 3 | 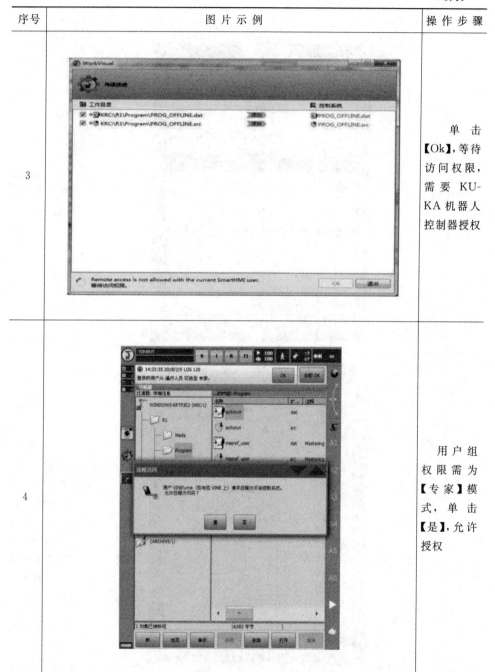 | 单 击【Ok】,等待访问权限,需要 KU-KA 机器人控制器授权 |
| 4 |  | 用 户 组权 限 需 为【专家】模式,单 击【是】,允许授权 |

续表

| 序号 | 图 片 示 例 | 操 作 步 骤 |
|---|---|---|
| 5 | 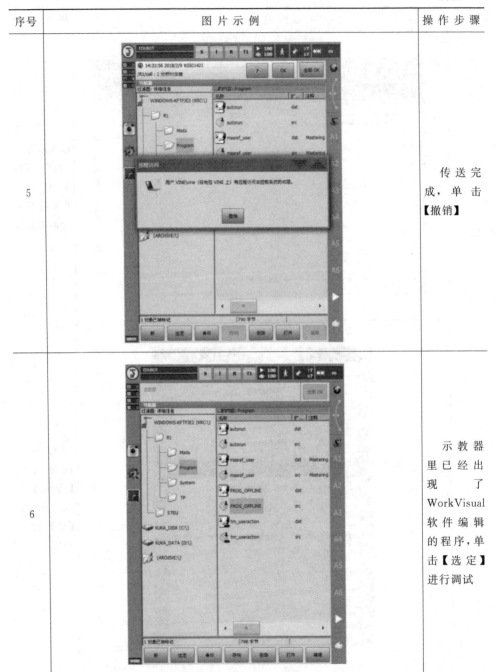 | 传送完成，单击【撤销】 |
| 6 |  | 示教器里已经出现了WorkVisual软件编辑的程序，单击【选定】进行调试 |

| 序号 | 图 片 示 例 | 操作步骤 |
|------|------------|----------|
| 7 |  | 　程序无错误,则可以进行调试<br><br>　注:关于 KUKA 机器人动作指令可以在程序里手动添加 |

# 第6章　离线仿真与实训

本章将以 RobotStudio 软件实例介绍工业机器人的离线仿真,以工程实操的方式展现实际生产操作中工业机器人的工作模式。

## 6.1　RobotStudio 离线仿真

RobotStudio 支持所有 ABB 机器人模型以及变位机、导轨等,完全模拟现场实际应用的示教器操作。机器人运动仿真与真实完全一致,真正可以做到在 RobotStudio 里所见即真实环境所得,具有丰富的离线轨迹自动生成功能,支持多种数模导入,机器人轨迹自动生成,免去人工现场调试带来的繁重重复工作,附带丰富的插件功能,针对不同行业,快速解决机器人轨迹生成、编程等问题。

## 6.2　机器人写字——离线仿真基本步骤

本离线仿真以机器人写字为例,在工作站中依次完成定位、点位选取等操作,最终完成整个写字绘图过程,它涉及搭建基本工作站、设置工件数据、设计绘图程序、编程、调试,最终运行一个完整的工业机器人应用实例。通过学习和实操本实例,读者可以学会如何让工业机器人完成绘图工作,学会工业机器人绘图编程的编译技巧。

1. 打开 RobotStudio 软件,新建一个虚拟机器人,如图 6-1 所示。

图 6-1　打开 RobotStudio 软件

2. 创建工作站

点击"新建"→"空工作站"→"创建"创建工作站，如图 6-2 所示。

图 6-2　创建工作站

3. 基本准备操作

RobotStudio 基本命令栏如图 6-3 所示。

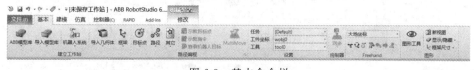

图 6-3　基本命令栏

1）导入 ABB 模型库（见图 6-4）

2）导入工具

可以选择导入 ABB 库自带的工具，也可导入自行设计的工具。鼠标左键单击并拖住工具至机器人本体上即可完成导入（见图 6-5）。

3）导入路径模型

在如图 6-3 所示的基本命令栏中，鼠标左键单击"导入几何体"，选择预先建立的三维模型。

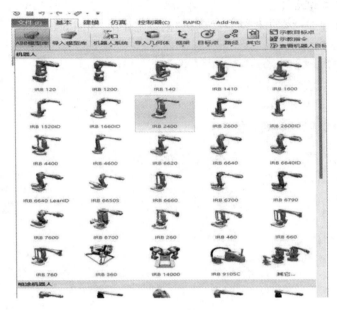

图 6-4　导入机器人模型

图 6-5　导入工具

4) 建立工件坐标系

在如图 6-3 所示的基本命令栏中,鼠标左键单击"其它",选定"工件坐标系",弹出如图 6-6 所示界面,选定"用户坐标框架",以三点式创建坐标系,三点分别为预建三维模型 X、Y、Z 轴上的任意一点。

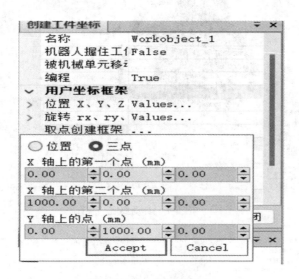

图 6-6　建立用户坐标系

5) 自动路径创建

在如图 6-3 所示的基本命令栏中,鼠标单击"路径",选定自动路径,利用 Shift ＋鼠标左键的方式选取路径模型,选取效果如图 6-7 所示。重复操作,直至"武汉"全部选取完成。

6) 自动路径修复

如图 6-8 所示,进入"路径和目标点"栏,鼠标左键单击"工件坐标 & 目标点",鼠标左键继续单击"Workobject_1",鼠标右键单击任意"Target"点,选择"复制方向",然后选取所有"Target"点,鼠标右键单击选择"应用方向"。此时完成目标点修复。

接着,鼠标左键单击"路径与步骤",鼠标右键单击"Path_10",选择"自动配置→线性/圆周移动指令"。依次按上述自动配置方法,配置由步骤 3)～5)创建的所有"Path_"。

7) 同步建模操作

在如图 6-3 所示的基本命令栏中,鼠标左键单击"同步控制器",勾选全部建模

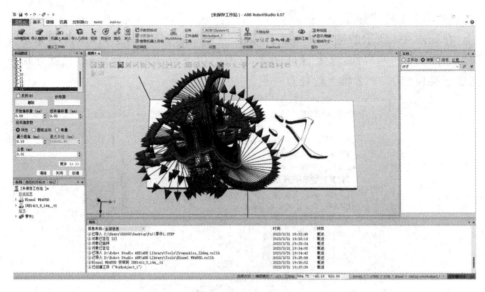

图 6-7　自动路径

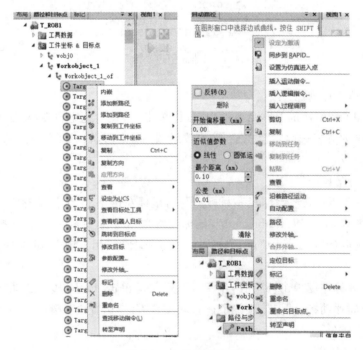

图 6-8　自动路径修复

操作,鼠标左键单击"确认"。

至此,基本准备工作全部完成。

4. 建模与控制器准备操作

1) Smart 组件添加

在如图 6-9 所示的建模命令栏中,鼠标左键单击"Smart 组件",进入如图 6-10所示界面,鼠标左键单击"添加组件",选取"CollisionSensor"和"TraceTCP"组件。

图 6-9　建模命令栏

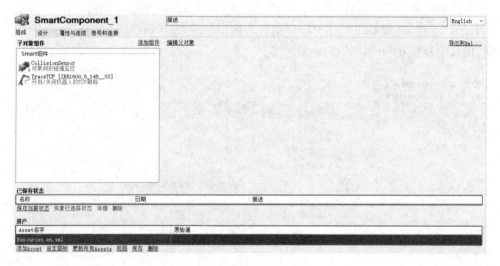

图 6-10　Smart 组件

2) Smart 组件——CollisionSensor 配置

鼠标右键单击 CollisionSensor,选择"属性",其中"Object1"选取机器人系统名称,"Object2"选取预建立三维模型,"Nearmiss"设定为 15 mm(在下文中会有解释),信号 active 全部选取"0"激活。

3) Smart 组件——TraceTCP 配置

鼠标右键单击"TraceTCP",选择"属性",选取对象为机器人系统名称,信号

active 选取"0"激活。

4）添加 I/O 信号

在如图 6-11 所示的控制器命令栏中，鼠标左键单击"配置"，选取"添加信号"，信号类型选择"数字输出"，信号名称可自行命名，鼠标左键单击"确定"。

图 6-11　控制器命令栏

5）Smart 组件信号连接

如图 6-12 所示，鼠标左键单击"Smart 组件"，选择"设计"模块，鼠标左键单击"＋"号，添加输入信号，信号类型为"数字输入"，信号名称可自行命名。鼠标左键单击已创建输入信号（di1_test(0)），使其与 CollisionSensor 组件的输入信号"Active(0)"连接，再使 CollisionSensor 组件的输出信号"SensorOut(0)"与 TraceTCP 的输入信号"Enabled(0)"连接。

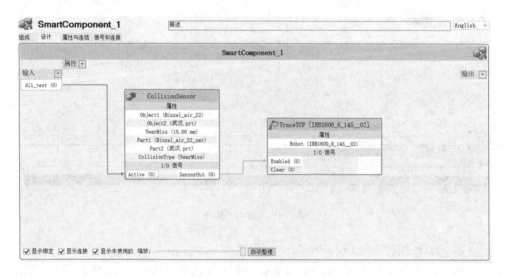

图 6-12　Smart 组件设计

6）工作站逻辑连接

鼠标左键单击 System 已创建输入信号（do1_test），使其与 Smart 组件的输入信号"di1_test(0)"连接，如图 6-13 所示。

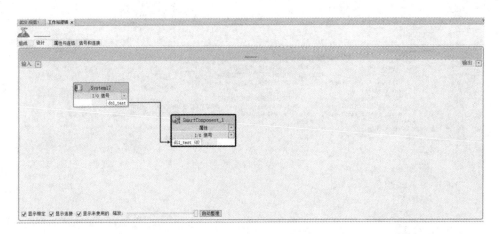

图 6-13　工作站逻辑连接

至此,建模与控制器准备操作全部完成。

5. RAPID 程序编写

鼠标左键单击 RAPID(见图 6-14),进一步鼠标左键单击"Module1→main",进入 main 程序。

图 6-14　RAPID 命令栏

main 函数编写如图 6-15 所示,"数据声明"折叠部分为机器人运动代码块,"PROC Path_"折叠部分为机器人路径代码块,这两部分是基本准备操作中自动生成的子程序,只需在 main 函数中调用即可。

TCP 检测部分原理如下:CollisionSensor 组件用于检测机器人末端执行器与预建立三维模型的距离,如果距离小于 15 mm,便会输出信号,使能 TraceTCP,使其置 1,即开启 TCP 跟踪。如果距离大于 15 mm,使能 TraceTCP,使其置 0,即关闭 TCP 跟踪。启动 TCP 跟踪需要符合两个条件,首先需要将系统输入 I/O 信号置 1,使能 Smart 组件,其次需要满足碰撞检测要求。

因此每次路径设置的偏置距离十分重要,该操作相当于人工写字时的提笔操作,意在防止连笔,提笔操作不能太短,并且一定要大于 CollisionSensor 组件的检测距离,故该距离设置只需小于提笔的偏置距离即可,程序中的提笔偏置为 50

```
T_ROB1/Module1*  x
    1    MODULE Module1
    2    数据声明
1651
1652    PROC main()
1653        reg1:=1;                    !声明变量名 reg1, 并赋值为1
1654        WHILE reg1<8 DO             !循环条件, 当reg1<8时, 执行循环体
1655            SetDO do1_test,1;        !将I/O输入信号置1, 即启用TCP跟踪
1656            CallByVar "Path_",reg1*10;  !执行路径操作, 路径名="Path_reg1*10"
1657            reg1:=reg1+1;            !rge1自增1
1658            SetDO do1_test,0;        !将I/O信号置0, 关闭TCP跟踪
1659            pTest:=CRobT(\Tool:=tWeldGun,\WObj:=Workobject_5);  !获取机器人末端执行器当前坐标, 并赋给pTest变量
1660            MoveL offs(pTest,0,0,50),v5000,fine,tWeldGun\WObj:=Workobject_5;  !执行偏置指令, 即对pTest作Z轴50的偏置操作.
1661        ENDWHILE                    !结束循环
1662        IF reg1>=8 THEN             !如果reg1>=8
1663        ENDIF                       !结束循环
1664
1665    ENDPROC                         !主函数结束
1666
1667    PROC Path_10
1716
1717    PROC Path_20
2076
2077    PROC Path_30
2126
2127    PROC Path_40
2173
2174    PROC Path_50
2220
2221    PROC Path_60
2270
```

图 6-15　main 函数编写

mm, 因而 CollisionSensor 组件的碰撞检测可以设置为 15 mm。

总程序见附录 A。

6. 最终效果(见图 6-16)

图 6-16　最终效果

## 6.3　机器人打磨实例

### 6.3.1　硬件设备介绍

打磨机器人所用到的硬件设备包含机器人本体及控制柜（见图 6-17）、前端装置（见图 6-18）、打磨工具及工作台（见图 6-19）等。

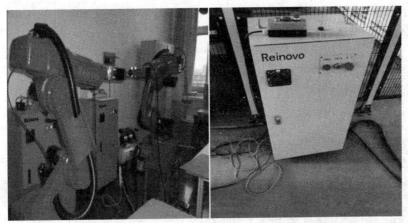

（a）机器人本体　　　　　　　　　　（b）控制柜

图 6-17　机器人本体及控制柜

（a）连接法兰板　　　　（b）高速电主轴　　　　　（c）打磨工具

图 6-18　前端装置

（a）打磨用钢板　　　　　　　（b）夹持装置　　　　　　　（c）工作台

图 6-19　打磨工具及工作台

## 6.3.2　上位机与控制柜通信

通过运行"DMC Smart Terminal"软件，将上位机的 IP 地址同运动控制器的 IP 地址设置在同一局域网内，具体操作步骤如图 6-20 至图 6-22 所示。

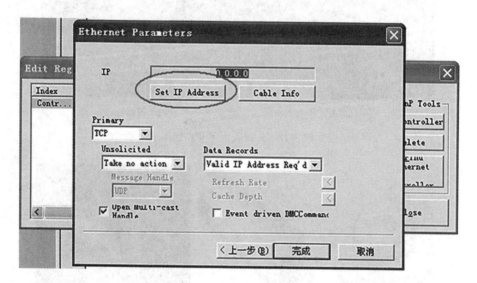

图 6-20　设置 IP 地址

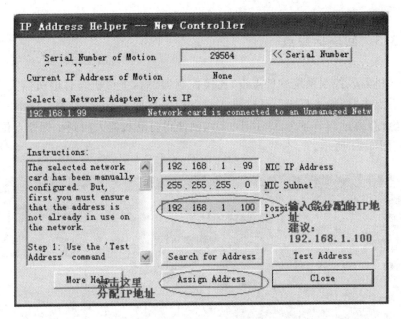

图 6-21　分配 IP 地址

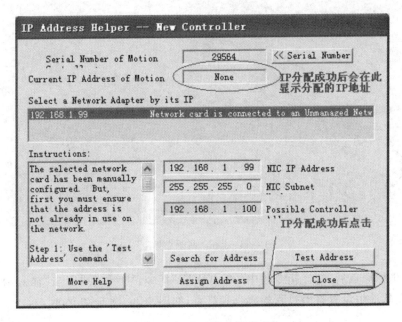

图 6-22　IP 地址分配成功

### 6.3.3  回坐标原点

进入机器人控制系统软件点击"连接控制器"后,上位机与打磨机器人建立通信。然后点击"回原点标定",软件进入原点标定界面。点击"示教坐标空间"下的"joint"坐标,通过调节 S、L、U、R、B、T 六轴使得打磨机器人回到坐标原点位置,如图 6-23、图 6-24 所示。

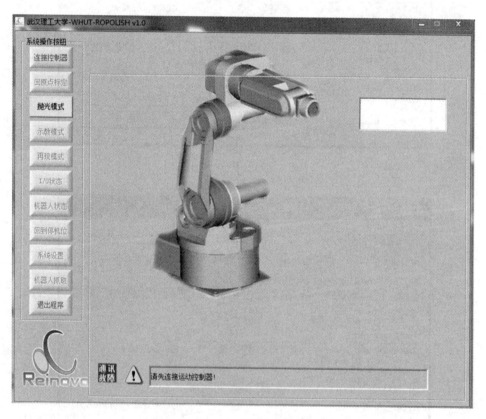

图 6-23  点击"回原点标定"

回坐标原点后,选择指令集中的"MOVEJ"指令,V=80,再点击"插入示教点"两次,在软件中设置打磨过程的起点和终点,如图 6-25、图 6-26 所示。

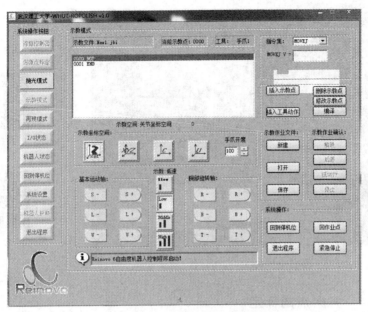

图 6-24　调节运动轴和旋转轴

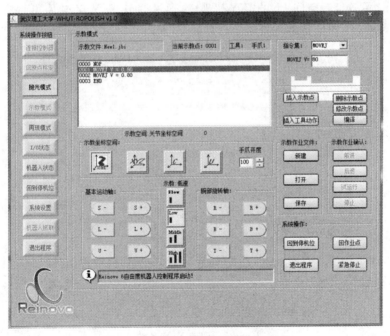

图 6-25　设置打磨过程的起点和终点

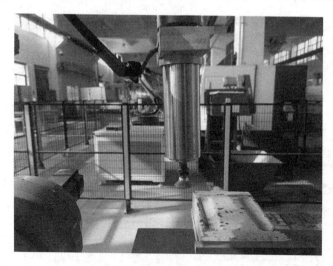

机器人打磨抛光

智能仓储码垛

图 6-26　准备开始打磨

### 6.3.4　打磨点的标定

点击"示教坐标空间"下的"XYZ"坐标，通过调节 X、Y、Z 轴使得打磨机器人的末端钢刷位于所需打磨工件的第一打磨点，如图 6-27、图 6-28 所示。

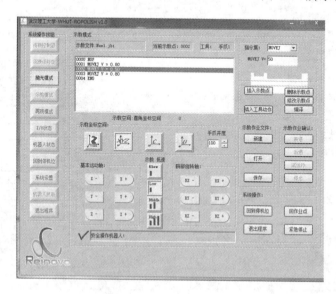

图 6-27　调节 X、Y、Z 轴

图 6-28　打磨工件的第一打磨点

同理，分别标定其他四个打磨点，如图 6-29、图 6-30 所示。

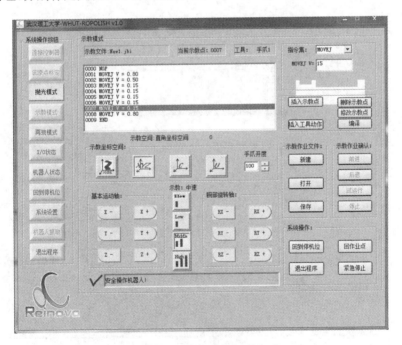

图 6-29　标定其他打磨点

图 6-30  打磨工件的其他打磨点

## 6.3.5  编译

分别点击"编译"与"试运行",打磨机器人按照软件编译程序开始试运行打磨全过程。两者都可以正常运行,则点击"保存",保存示教作业文件,如图 6-31 所示。

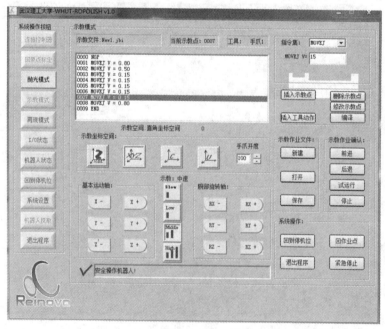

图 6-31  保存示教作业文件

## 6.3.6 再现运行

点击"再现模式",调入保存的示教作业文件,然后编译,再现速度倍率设置为20,运行次数设置为 1 次,高速轴转速设置为 17000 r/min 左右,如图 6-32 所示。

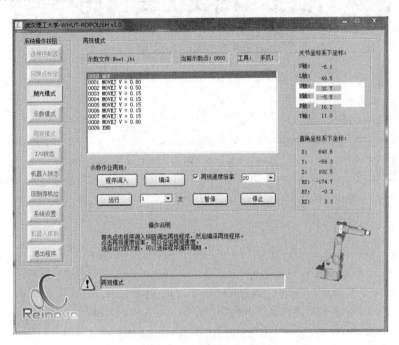

图 6-32 "再现模式"操作界面

# 附录　离线仿真代码

//数据声明代码块

```
MODULE Module1
PERStooldatatWeldGun:= [ TRUE, [[ 125. 800591275, 0, 391. 268161315 ], [ 0.
898794046,0,0.438371147,0]],[3,[0,0,100],[0,1,0,0],0,0,0]];
CONSTrobtarget Target_10:=[[95.815614896,108.890827365,0.000441087],[0,
-0.061444059,0.998110529,0],[0,0,0,0],[9E+09,9E+09,9E+09,9E+09,9E+09,9E
+09]];
```

....................................................................................................
....................................................................................................

```
CONSTrobtarget Target_16420:=[[145.745297402,388.012924105,0.000441087],
[0,-0.030397279,0.999537896,0],[0,-1,0,0],[9E+09,9E+09,9E+09,9E+09,9E+
09,9E+09]];
CONSTrobtarget Target_16430:=[[145.864624059,385.029757687,0.000441087],
[0,-0.030397279,0.999537896,0],[0,-1,0,0],[9E+09,9E+09,9E+09,9E+09,9E+
09,9E+09]];
CONSTrobtarget Target_16440:=[[146.32488402,380.989698023,0.000441087],
[0,-0.030397279,0.999537896,0],[0,-1,0,0],[9E+09,9E+09,9E+09,9E+09,9E+
09,9E+09]];
CONSTrobtarget Target_16450: = [[ 147. 126077287, 375. 705231797,
0.000441087],[0,-0.030397279,0.999537896,0],[0,-1,0,0],[9E+09,9E+09,9E+
09,9E+09,9E+09,9E+09]];
CONSTrobtarget Target_16460:=[[171.400528597,375.364298492,0.000441087],
[0,-0.030397279,0.999537896,0],[0,-1,0,0],[9E+09,9E+09,9E+09,9E+09,9E+
09,9E+09]];
```

```
//pTest 变量定义代码块
VAR robtarget pTest:=[[171.400528597,375.364298492,0.000441087],[0,
-0.030397279,0.999537896,0],[0,-1,0,0],[9E+09,9E+09,9E+09,9E+09,9E+09,
9E+09]];
TASK PERS wobjdata Workobject_5:=[FALSE,TRUE,"",[[943.046,-174.7,677.501],
[1,0,0,0]],[[0,0,0],[1,0,0,0]]];
```

```
//主函数
    PROC main()
        reg1:=1;
        WHILE reg1< 8 DO
            SetDO do1_test,1;
            CallByVar "Path_",reg1* 10;
            reg1:=reg1+1;
            SetDO do1_test,0;
            pTest:=CRobT(\Tool:=tWeldGun,\WObj:=Workobject_5);
            MoveL offs(pTest,0,0,50),v5000,fine,tWeldGun\WObj:=Workob-
ject_5;
        ENDWHILE
        IF reg1> =8 THEN
            Stop;
        ENDIF
    ENDPROC
```

```
//路径子函数代码块
    PROC Path_10()
        MoveL Target_10,v5000,fine,tWeldGun\WObj:=Workobject_5;
        MoveL Target_20,v5000,fine,tWeldGun\WObj:=Workobject_5;
        ..........................................................
        MoveL Target_460,v5000,fine,tWeldGun\WObj:=Workobject_5;
        MoveL Target_470,v5000,fine,tWeldGun\WObj:=Workobject_5;
    ENDPROC

    PROC Path_20()
```

```
    _5;
    MoveL Target_3260,v5000,fine,tWeldGun\WObj:=Workobject_5;
    MoveL Target_3270,v5000,fine,tWeldGun\WObj:=Workobject_5;
    ......................................................................
    MoveL Target_4030,v5000,fine,tWeldGun\WObj:=Workobject_5;
    MoveL Target_4040,v5000,fine,tWeldGun\WObj:=Workobject_5;
ENDPROC


PROC Path_30()
    MoveL Target_4050,v5000,fine,tWeldGun\WObj:=Workobject_5;
    MoveL Target_4060,v5000,fine,tWeldGun\WObj:=Workobject_5;
    ......................................................................
    MoveL Target_4940,v5000,fine,tWeldGun\WObj:=Workobject_5;
    MoveL Target_4950,v5000,fine,tWeldGun\WObj:=Workobject_5;
ENDPROC


PROC Path_50()
    MoveL Target_4960,v5000,fine,tWeldGun\WObj:=Workobject_5;
    MoveL Target_4970,v5000,fine,tWeldGun\WObj:=Workobject_5;
    ......................................................................
    MoveL Target_5380,v5000,fine,tWeldGun\WObj:=Workobject_5;
    MoveL Target_5390,v5000,fine,tWeldGun\WObj:=Workobject_5;
ENDPROC


PROC Path_60()
    MoveL Target_5400,v5000,fine,tWeldGun\WObj:=Workobject_5;
    MoveL Target_5410,v5000,fine,tWeldGun\WObj:=Workobject_5;
    ......................................................................
    MoveL Target_5850,v5000,fine,tWeldGun\WObj:=Workobject_5;
    MoveL Target_5860,v5000,fine,tWeldGun\WObj:=Workobject_5;
ENDPROC


PROC Path_70()
    MoveL Target_5870,v5000,fine,tWeldGun\WObj:=Workobject_5;
    MoveL Target_5880,v5000,fine,tWeldGun\WObj:=Workobject_5;
    ......................................................................
```

```
        MoveL Target_8220,v5000,fine,tWeldGun\WObj:=Workobject_5;
        MoveL Target_8230,v5000,fine,tWeldGun\WObj:=Workobject_5;
    PROC Path_70()
ENDMODULE
```

# 参 考 文 献

[1] 郐极. 工业机器人仿真与编程技术基础[M]. 北京:机械工业出版社,2021.

[2] 戴凤智,乔栋. 工业机器人技术基础及其应用[M]. 北京:机械工业出版社,2020.

[3] 程丽,王仲民. 工业机器人结构与机构学[M]. 北京:机械工业出版社,2021.

[4] 耿春波. 图解工业机器人控制与 PLC 通信[M]. 北京:机械工业出版社,2020.

[5] 韩鸿鸾,时秀波,毕美晨. 工业机器人离线编程与仿真一体化教程[M]. 西安:西安电子科技大学出版社,2020.

[6] 王珹,王东成. 工业机器人操作与编程[M]. 北京:北京工业大学出版社,2019.

[7] 甘宏波,黄玲芝. 工业机器人技术基础[M]. 北京:航空工业出版社,2019.

[8] 权宁,纪海宾,詹国兵. 工业机器人基础操作与编程(ABB)[M]. 北京:机械工业出版社,2023.

[9] 王元平,李旭仕. 工业机器人基础与实用教程[M]. 北京:中国人民大学出版社,2021.

[10] 宋星亮,王冬云. 工业机器人基础及应用编程技术[M]. 北京:机械工业出版社,2019.

[11] 李福武,卢运娇,李晓峰. 工业机器人技术基础[M]. 哈尔滨:哈尔滨工程大学出版社,2021.

[12] 张明文,张宋文,付化举. 工业机器人编程基础(KUKA 机器人)[M]. 哈尔滨:哈尔滨工业大学出版社,2021.

[13] 朴松昊,谭庆吉,汤承江,等. 工业机器人技术基础[M]. 哈尔滨:中国铁道出版社,2018.

[14] 王亮亮. 全国工业机器人技术应用技能大赛备赛指导[M]. 北京:机械工业出版社,2018.

[15] 兰虎,王冬云. 工业机器人基础[M]. 北京:机械工业出版社,2020.

[16] 张明文. 工业机器人基础与应用[M]. 北京:机械工业出版社,2018.

[17] 程涛,李媛媛,叶仁虎. 工业机器人基础[M]. 武汉:华中科技大学出版社,2021.

[18] 吕世霞,周宇,沈玲. 工业机器人现场操作与编程[M]. 2版. 武汉:华中科技大学出版社,2020.

[19] 李国利. 工业机器人编程及应用技术[M]. 北京:机械工业出版社,2021.